MULTI-FAMILY HOUSE

다가구

다세대

상가주택

MULTI-FAMILY HOUSE | 다가구 다세대 상가주택

ⓒ Printed in Korea 2023. 1. 11   ISBN. 978-89-6603-025-5

펴낸이 임병기 | **책임편집** 이세정, 김연정 | **편집** 정사은, 조고은 | **사진** 작품별 작가 표시 | **디자인** 권경덕, 최향주 | **마케팅** 서병찬, 김진평 | **총판 · 관리** 장성진, 이미경
출력 삼보프로세스 | **인쇄** 북스 | **종이** 영은페이퍼(주)
발행처 ㈜주택문화사 | **출판등록번호** 제13-177호 | **주소** 서울시 강서구 강서로 466 우리벤처타운 6층 | **전화** 02-2664-7114 | **팩스** 02-2662-0847 | **홈페이지** www.uujj.co.kr

MULTI-FAMILY HOUSE

CONTENTS

:

MULTI-FAMILY
HOUSE

BRICK HOUSE

—

파주 다세대 주택

주택가의 풍경을 대다수 차지하는 다가구 주택은 개별로 지어지는 건물이다. 다양한 모습으로 마을의 풍경을 만들어 내야 하지만, 어찌 된 일인지 골목에 들어찬 공동 주거의 모습은 미니 아파트와 다름없어 보인다. 다양한 거주자의 삶의 단편을 드러내기는커녕 머리부터 발끝까지 경제성만 고려된 집들로 가득하다. 싸고 빠르게 지어서 주변 시세에 방을 내놓아 월세를 꼬박꼬박 받는 것이 가장 중요한 논리이다 보니, 동네의 풍경은 삭막해지고 그곳에 머무는 임대인에게 월세방은 그야말로 잠시 머무는 피난처에 불과하다. 사이트 주변의 건물들도 크게 다르지 않았다.

다가구 주택 설계에 있어 우리는 거주하는 사람이 자신이 머무는 공간에 애착을 가지게 하는 것이 가장 중요한 이슈라고 생각했다. 좋은 건축이 좋은 환경을 조성하고, 임대의 수익성으로도 연결된다는 생각을 건축주와 공유하며 설계했다. 섬세하게 계획된 공간 속에서 보내는 시간은 집으로 돌아오는 시각을 앞당길 것이다. 이것이 삭막한 다가구 건축에 대한 하나의 소박한 해결책이라 여겼다.

네다섯 걸음이면 어디든 갈 수 있는 원룸의 내부공간에 비해 길에서 집으로 들어가는 길은 상대적으로 길다. 건물 출입문을 들어와도 다시 계단이 있다. 집으로 가는 총총한 작은 여정, 길에서부터 각자 집의 현관문에 이르는 공간들이 내 집의 일부처럼 느껴지길 바랐다.
　　　시시각각 변화하는 회색 고벽돌 질감과 세대별로 돌출된 발코니는 형형색색의 주변 건축물 사이에서 차이를 가지며 서 있다. 빛이 충만한 계단실은 여러 가구의 사람들이 마주치는 가장 중요한 부분으로, 남쪽의 빛을 받아들이는 위치에 배치하였다.

넉넉지 않은 전용공간은 결혼하기 전 다년간 자취생활을 한 건축가의 경험이 묻어 있다. 1인 가구의 생활을 구체적으로 다루면서 최대한 짜임새 있는 공간구성을 계획하였다. 보편적인 '원룸'이란 말 그대로 하나의 큰 방으로 구성되는 형태인데, 작은 공간이지만 주방과 화장실을 주생활 공간과 분리하여 거주공간으로 부족함이 없도록 했다. 또한, 남쪽으로 큰 창을 만들어 빛이 주방까지 깊게 들어오게 하되, 창마다 돌출된 발코니를 설치하여 사생활을 보호하였다. 이 돌출된 발코니는 에어컨 실외기가 놓이기도 하지만 원룸의 작은 외부공간으로써 식물이 자라는 화분을 놓거나 때때로 빛 좋은 날 빨래를 널 수 있는, 소소한 공간으로 활용될 것이다.

—

박혜선·정재학 글　　신경섭 사진

HOUSE PLAN

대지위치 경기도 파주시 교하동 | **대지면적** 304㎡(91.96평) | **건물규모** 지상 3층 | **건축면적** 95.96㎡(22.98평) | **연면적** 221.02㎡(66.87평) | **건폐율** 24.99% | **용적률** 72.70% | **주차대수** 지상 5대 | **최고높이** 9.9m | **공법** 기초 – 철근콘크리트 / 지상 – 철근콘크리트 | **구조재** 철근콘크리트 | **단열재** 비드법보온판 | **외벽마감재** 치장벽돌(청고벽돌) | **창호재** LS창호 | **설계** ㈜건축사사무소 서가 | **시공** 바로세움 | **건축비** 3.3㎡(1평)당 404만원

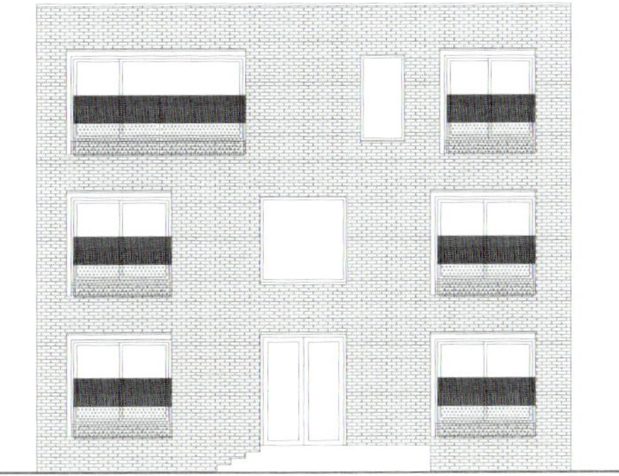
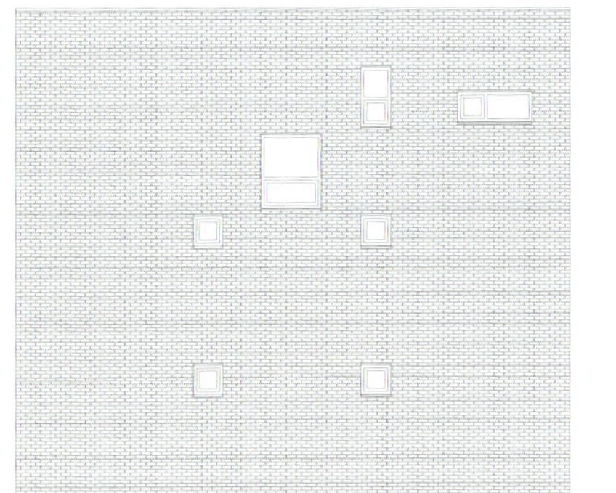

ELEVATION

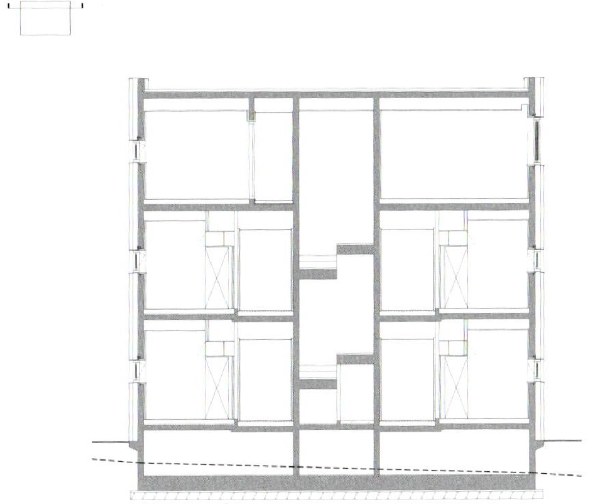
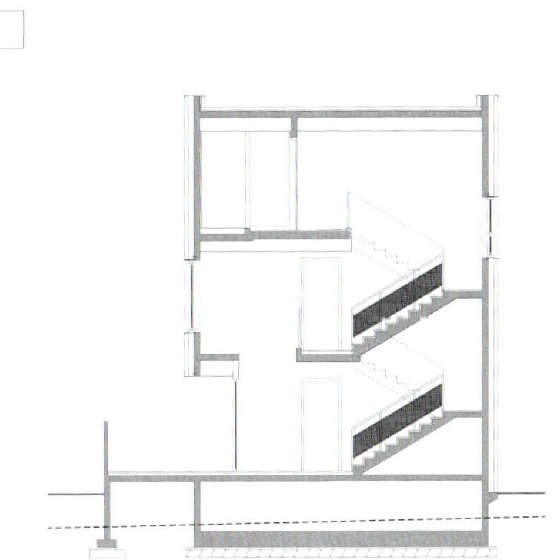

SECTION

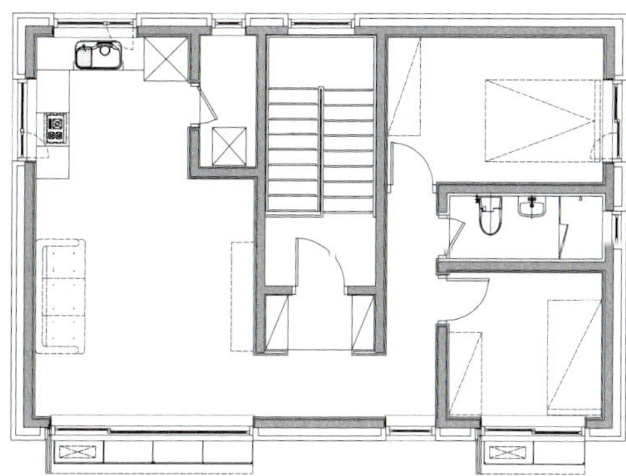

PLAN - 3F

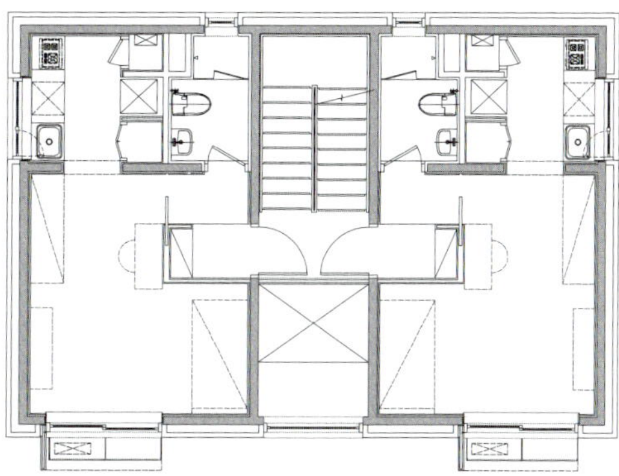

PLAN - 2F

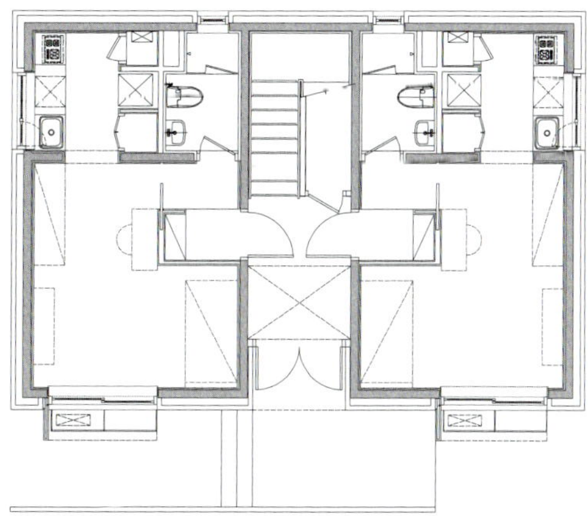

PLAN - 1F

INTERIOR SOURCES

내벽 마감 DID벽지 | **바닥재** 강화마루 | **욕실 및 주방 타일** 영진브라벳 | **수전 등 욕실기기** 대림요업 | **주방 가구** 하이그로
시 마감 | **조명** 을지로 조명 | **계단재** 석재타일 | **방문** 영림도어 | **붙박이장** 하이그로시 마감

Gablepack

—

광교 신도시 박공무리집

지난 2∼3년 사이에 광교신도시 점포주택단지의 텅 빈 필지들은 신축된 건물로 빽빽이 채워졌다. 신축건물에 대해 구체적으로 규제하는 지구단위계획지침을 설계에 반영하고, 임대면적을 최대화하는 배치와 평면을 구성하고 나면 구조적으로 유사한 건물이 설계된다. 이 지역의 전형적인 설계유형은 전면에 6대를 주차하고, 내부의 1층은 상가, 2∼3층은 소형 유닛 4가구, 그리고 4층에는 큰 유닛 1가구를 두는 방식이다. 규제에 따라 1층 상가는 50% 이상 투명한 창을 내어야 하고, 특이하게도 지붕은 70% 이상 박공 모양에 경사는 1:1에서 1:3(세로:가로) 사이어야 한다. 이러한 소위 '건축설계 공식'에 따라 비슷한 형태와 내부공간에 마감재료만 다른 건물들이 이 지역의 도시적 맥락을 만들어내고 있다.

이 지역의 일반적인 점포주택 유형과 달리 모든 가구를 66㎡(20평)의 유사한 면적으로 나누어 모든 유닛이 2개의 침실과 거실 및 부엌이 제대로 갖춰지도록 했다. 이 방식은 한 자녀를 둔 3인 가족이 많은 이 지역주민의 수요를 반영하였을 뿐 아니라. 임대수익 면에서도 기존의 방식보다 유리했다. 기존의 평면적인 적층 방식으로는 공용공간을 제외하고 나면 층별 100㎡(30평)밖에 남지 않기 때문에 입체적인 퍼즐 형태의 유닛을 고안해야 가능한 구조였다. 결과적으로 중층 또는 복층형 공간이 생겨나고 외부에서 보면 5층 같은 4층 건물이 되었다.

박공지붕을 외부형태에 소극적으로 반영하는 데 그치지 않고 내부공간을 개선하는 데 적극적으로 활용하였다. 지구단위계획지침에서 제시한 1:1에서 1:3 사이의 박공 단면을 다양한 방식으로 이용하여 유닛의 내부공간과 발코니 그리고 창문의 디자인에 적용하였다. 이로 인해 모든 유닛에는 박공 형태의 천장을 이용한 여유 있는 높이의 중심공간과 전면으로 열린 시원한 발코니가 생겨났다. 특히 2층에는 다락방을 설치하고, 3∼4층은 복층형 유닛으로 계획하여 협소한 바닥면적의 한계를 공간의 부피로 보완하려 했다. 정면으로 돌출한 발코니와 창들도 가구마다 개성을 살려 다양한 크기로 디자인되었다. 1층의 상가는 하나 또는 두 개로 나눠 쓸 수 있도록 고려하였고, 박공형태의 입구 또한 두 곳으로 돌출되어 전체 입면에 통일성을 주었다.

정면에서 보면 1층 상가 우측에 주택으로 진입하는 복도와 조경이 위치한다. 건물 배면에 있는 계단실로 들어서면 어두울 것 같은 내부공간으로 천창의 빛이 1층까지 흘러들어온다. 이 빛을 따라 오르면 계단실은 점점 넓어져 4개 층을 한눈에 볼 수 있는 수직적인 공간을 만나게 된다. 단순한 흰색으로 마감되어 있지만, 매 층마다 변화하는 동선의 움직임은 가구마다 입구의 개성을 부여한다. 하루 종일 온화한 빛으로 채워질 이 공유공간은 일상 속에 잠시 머물며 이웃과 교감하는 경험으로 채워지길 기다리고 있다.

—

정의엽 글   변종석 사진

HOUSE PLAN

대지위치 경기도 수원시 영통구 하동 958-10 | **대지면적** 280.8㎡(85.09평) | **건물규모** 지상 4층 | **건축면적** 145.55㎡ (44.10평) | **연면적** 493.57㎡(149.56평) | **건폐율** 51.83% | **용적률** 175.55% | **주차대수** 6대 | **최고높이** 15.83m | **공 법** 기초 – 철근콘크리트 매트기초 / 지상 – 철근콘크리트 | **구조재** 철근콘크리트 | **지붕재** THK0.5 징크 | **단열재** 벽 – THK40 열반사단열재, THK50 비드법보온판 / 지붕 – THK180 비드법보온판 | **외벽마감재** THK0.5 징크, 백토벽돌 | **창호재** LG 지인 창호, THK31 LOW–E 삼중유리 | **설계담당** 김연지 | **설계 및 감리** 에이엔디(AND) | **시공** 건축주 직영 | **총공사 비** 약 6억3천만원(가구 및 조경 별도)

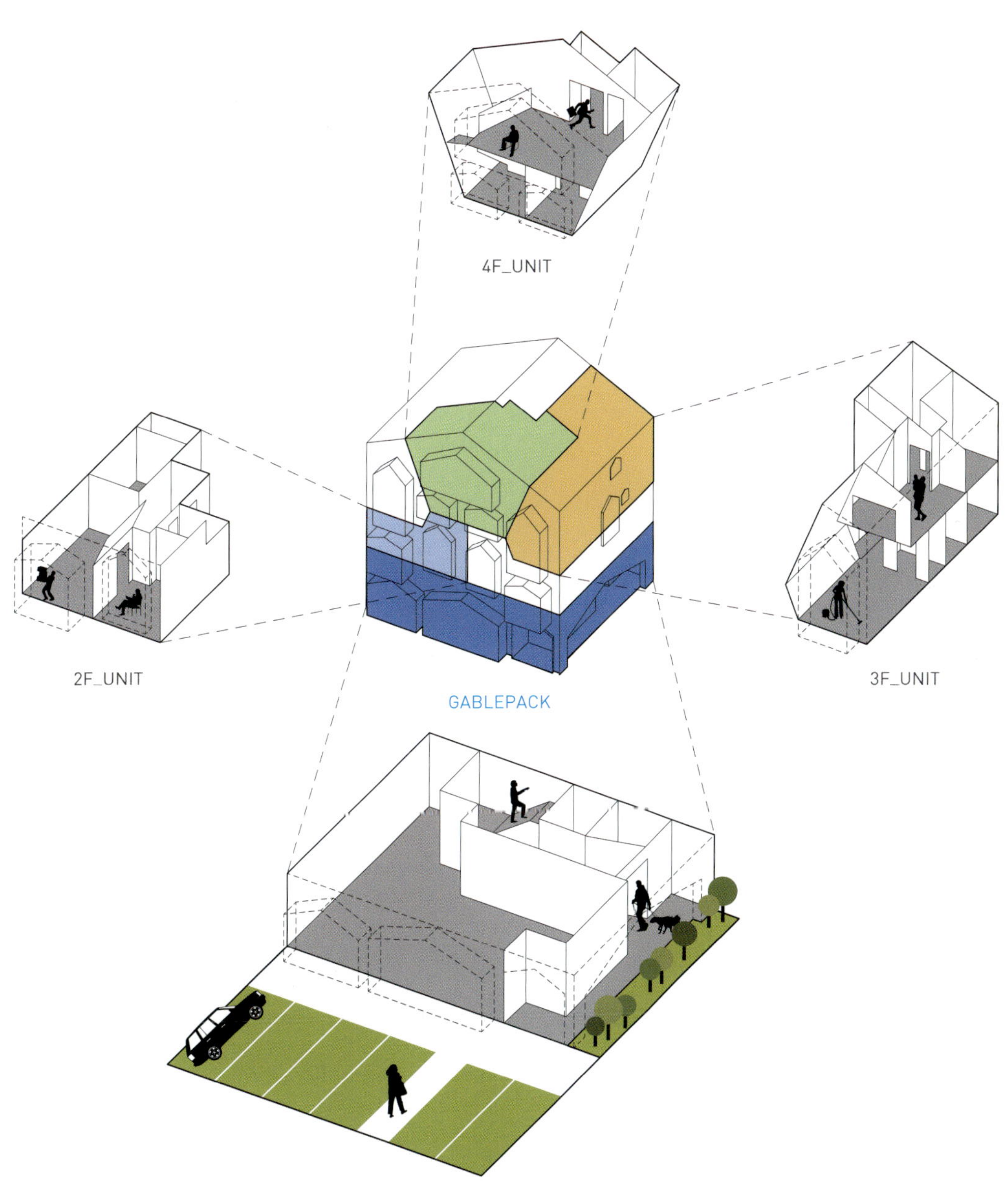

4F_UNIT
2F_UNIT
GABLEPACK
3F_UNIT
1F_STORE

FRONT ELEVATION

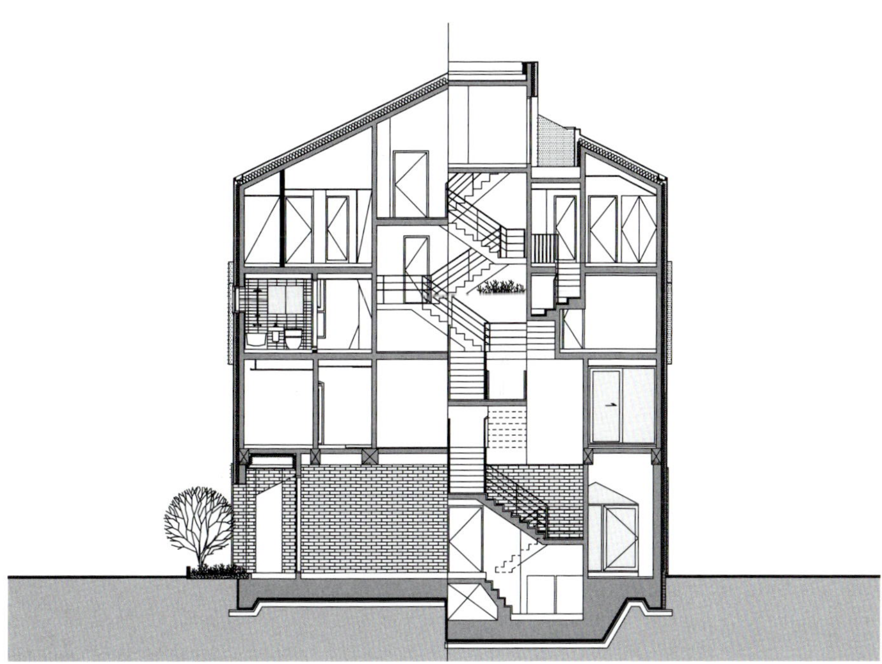

SECTION

MULTI-FAMILY HOUSE

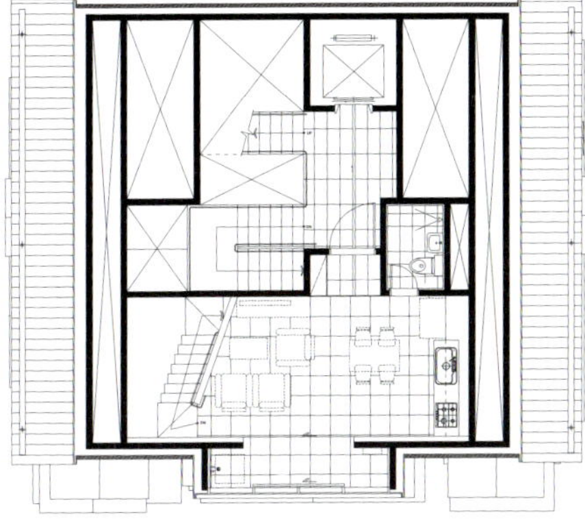

PLAN - 4F

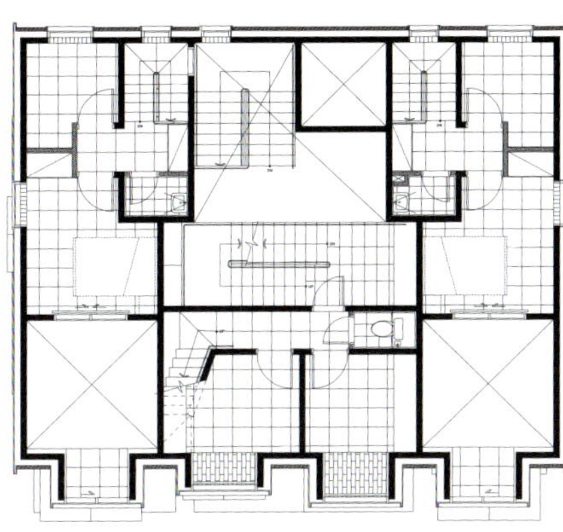

PLAN - 5F

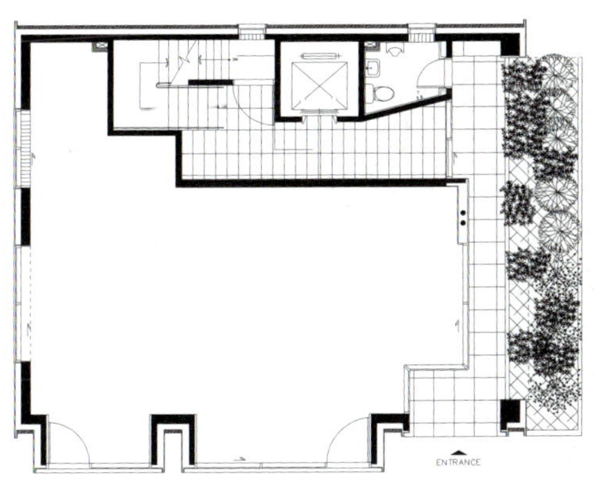

PLAN - 1F

PLAN - 2F

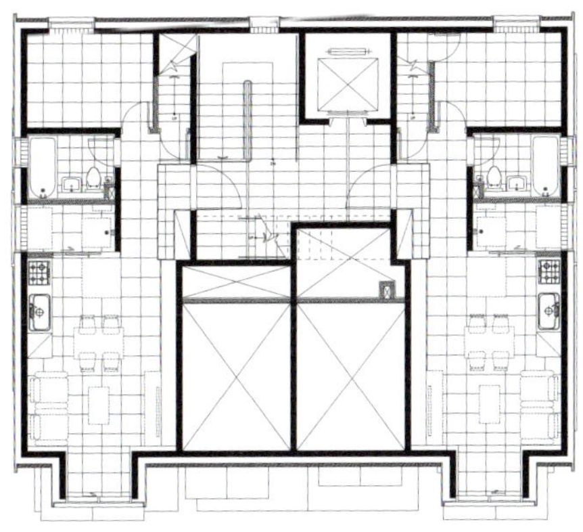

PLAN - 3F

INTERIOR SOURCES

내벽 마감 공용 공간 – 삼화 친환경 수성 페인트 / 주택 – 대우 무지벽지 | **바닥재** 공용 공간 – 화강석 잔다듬, 테라죠 / 주택 – LG 데코 타일 에코노 | **욕실 및 주방 타일** 에클랏 코리아 | **수전 등 욕실기기** 대림 | **주방 가구** 주문제작 | **계단재** 에쉬 집성목 | **현관문** 단열현관문 | **방문** 영림도어 | **붙박이장** 주문제작

L HOUSE

—

서초동 다세대 주택

서초 L House는 서초동 꽃마을 남쪽에 있던 단독주택들이 집단적으로 빌라나 다세대 주택으로 변모한 지역에 위치한다. 이런 유형의 다세대 주택은 많은 경우 경제적 목적으로 저렴하게 지어져 크게 유쾌하지 못한 도시환경을 형성해 왔다. 이 사이트의 경우도 오래된 단독주택을 헐어내고 임대 목적의 다세대 주택을 설계하는 것으로 출발하였다. 초기 디자인의 목표는 우리 도시의 보편적인 주거 유형의 하나인 다세대 주택에서 주어진 법규의 틀 안에서 경제성을 지키면서 도시공간에 어떠한 결과를 만들어 낼 수 있을 것인가의 문제였다.

우선 일반적인 다세대의 구성에서 벗어나 외부에 노출된 편복도형의 평면을 구성하였다. 집의 앞뒤가 열리게 되어 훨씬 쾌적한 단위세대를 구성할 수 있게 된다. 전체 출입구에는 작은 로비를 설치하여 공동체의 공유공간으로 사용할 수 있도록 하였고, 역시 후면의 공용정원 역시 입주민들이 함께 사용할 수 있는 공간으로 구성하였다. 지하와 1층, 그리고 중간층들과 최상층은 주어지는 여건들이 매우 다르며 이러한 여건들을 잘 활용하기 위해서 도시 내의 소규모 집합주택은 본질적으로 복합 용도를 지녀야 한다.

　　　최상층은 소위 펜트하우스로서 매우 거주조건이 뛰어난 곳이다. 멀리 우면산이 보이고 하늘은 앞 건물의 방해 없이 넓게 열려 있다. 건물 앞쪽으로는 자연스럽게 커다란 테라스가 생겨나고 뒤쪽으로도 서리풀 공원이 보이는 위치이다.

　　　거실과 침실 사이에는 천창을 가진 아트리움을 두어 봄, 가을, 겨울에는 따뜻한 햇살이 집안에 충만하다. 심지어는 햇빛이 좋은 겨울날에는 난방을 거의 돌리지 않아도 될 정도로 따뜻하다. 여름에는 블라인드를 내리면 시원한 그늘이 형성되고, 앞뒤로 맞바람 통풍이 되며 자연스럽게 집의 온도를 내려주는 효과가 있다. 지하에는 건축주의 오디오룸과 음악 스튜디오가 자리 잡고 있으며 커다란 선큰이 채광과 환기를 보장해 주고 있다.

—

한만원 글　　박영채 사진

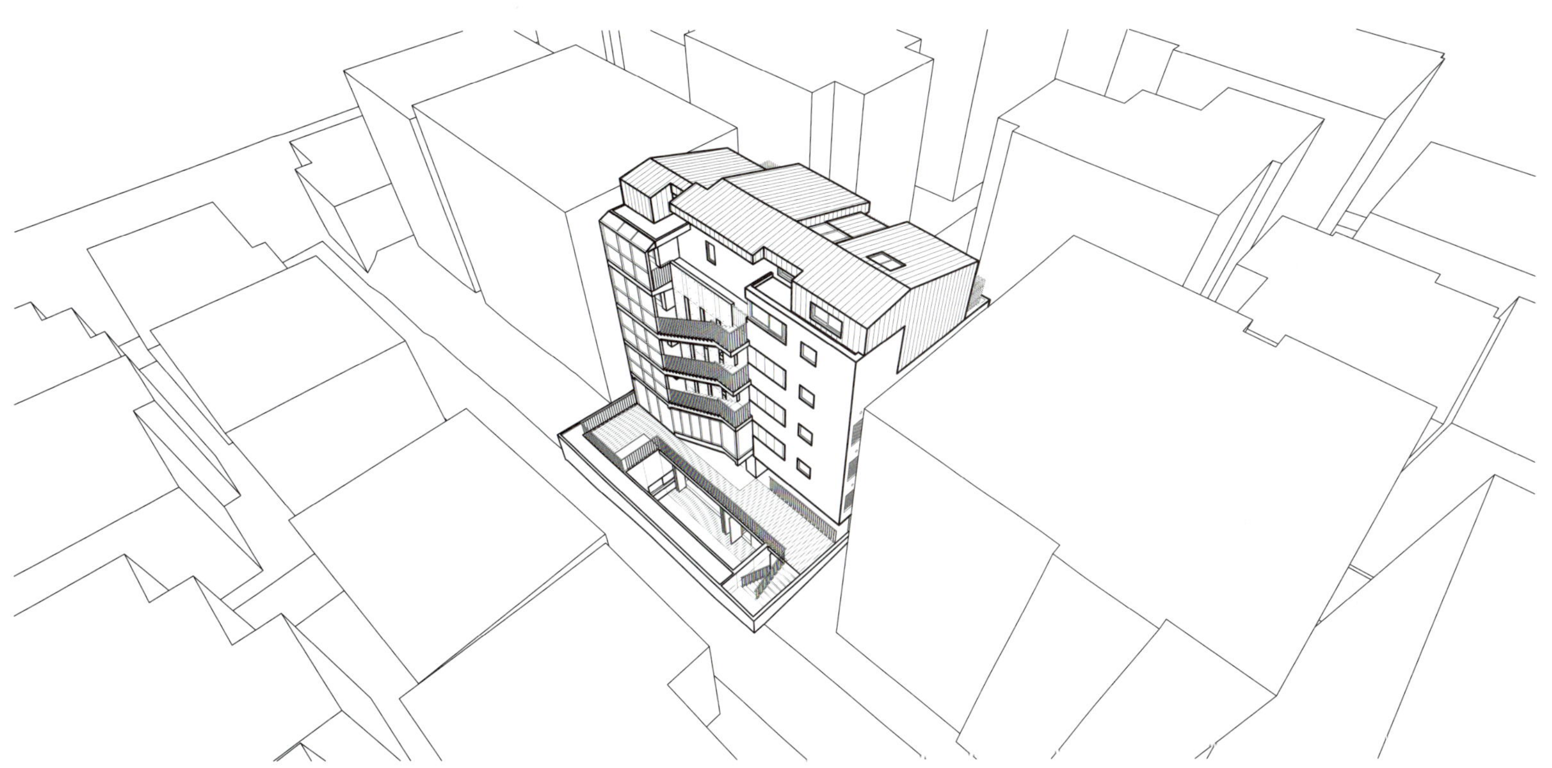

PERSPECTIVE

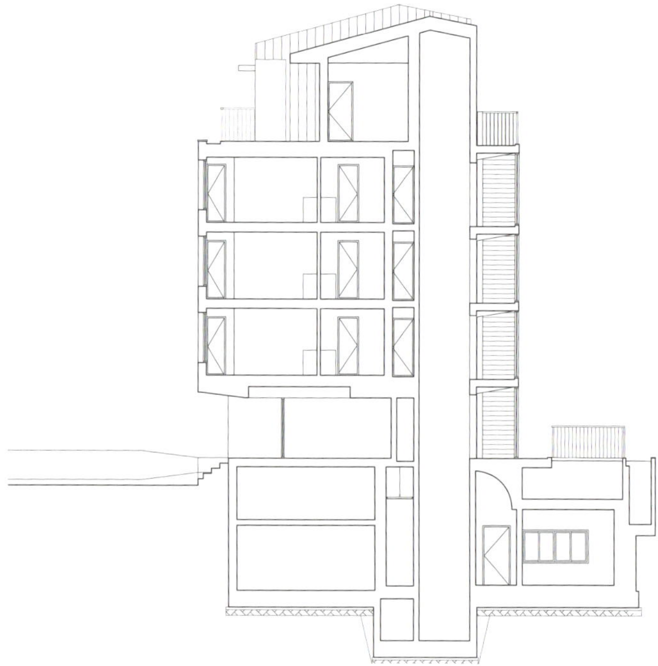

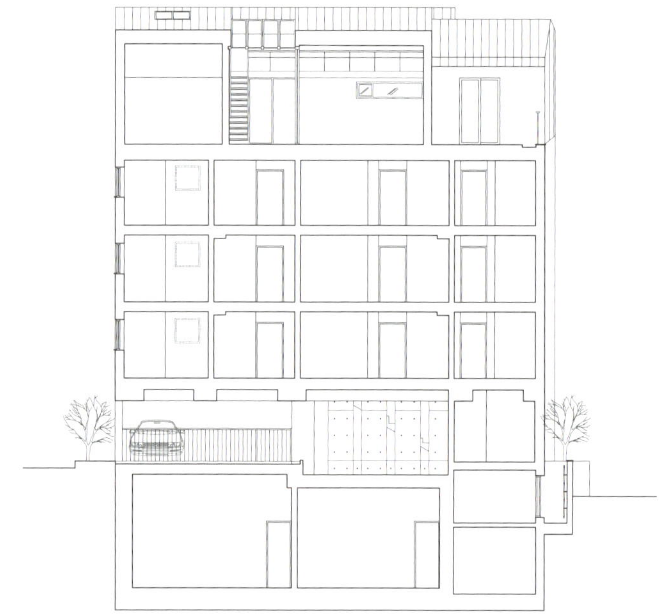

SECTION

HOUSE PLAN

대지위치 서울시 서초구 서초동 명달로28길 29 ┃ **대지면적** 329.50㎡(99.67평) ┃ **건물규모** 지하 1층, 지상 5층 ┃ **건축면적** 163.17㎡(49.35평) ┃ **연면적** 729.95㎡(220.80평) ┃ **건폐율** 49.52% ┃ **용적률** 176.03% ┃ **주차대수** 8대 ┃ **최고높이** 16.6m ┃ **공법** 기초 – 매트기초 / 지상 – 철근콘크리트 벽식구조 ┃ **구조재** 철근콘크리트 ┃ **지붕재** 징크 ┃ **단열재** 비드법보온판 ┃ **외벽마감재** 모노쿠쉬 ┃ **창호재** 남선시스템창호 ┃ **설계** HNS건축 ┃ **시공** ㈜제효건설 www.jehyo.com ┃ **총공사비** 약 9억9천만원

내벽 마감 벽지, 페인트 | **바닥재** 디럭스 타일 및 원목마루 | **욕실 및 주방 타일** 두오모 | **수전 등 욕실기기** 대림 | **주방 가구** 한샘 | **조명** 아르테미데 및 필립스 | **계단재** 자작나무합판 | **방문** 자작나무합판 | **붙박이장** 한샘 | **데크재** 방부목

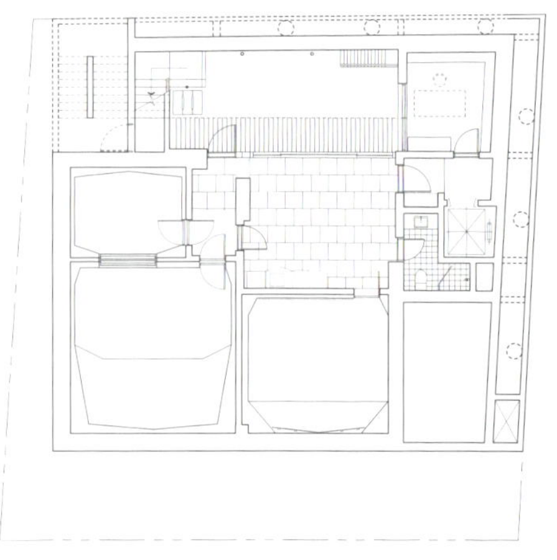

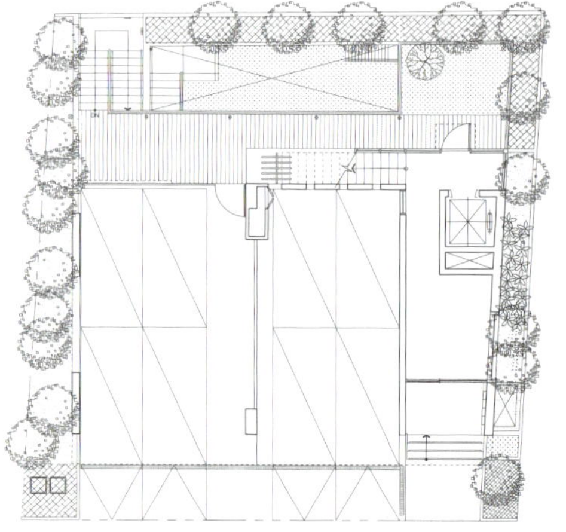

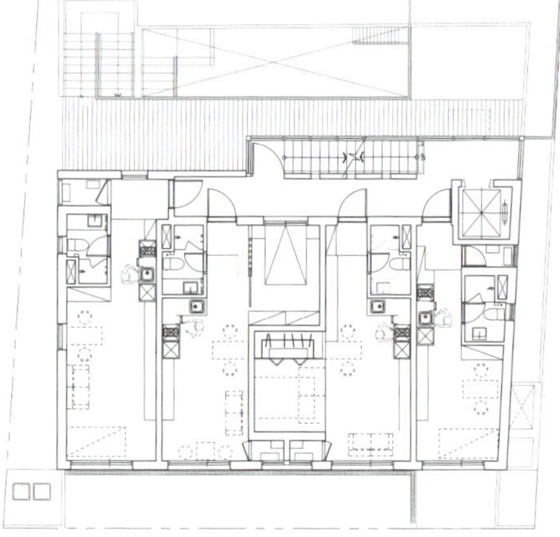

MULTI-FAMILY HOUSE

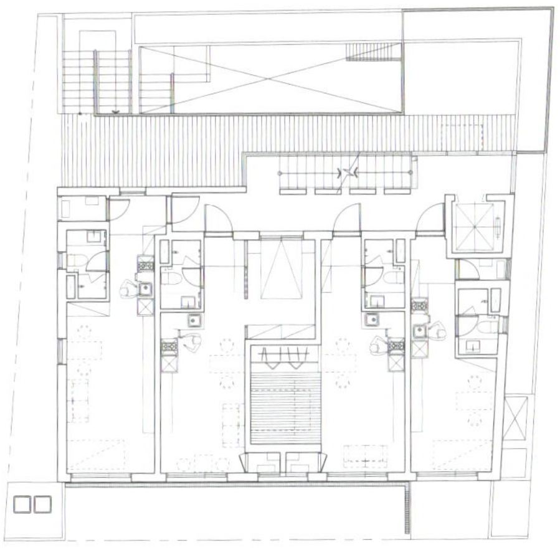

PLAN - 4F

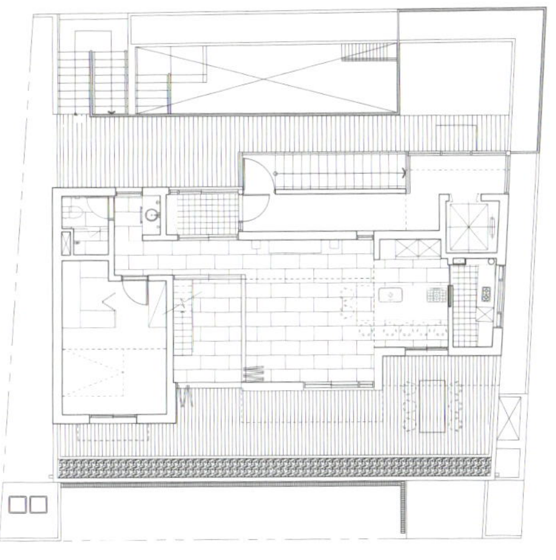

PLAN - 5F

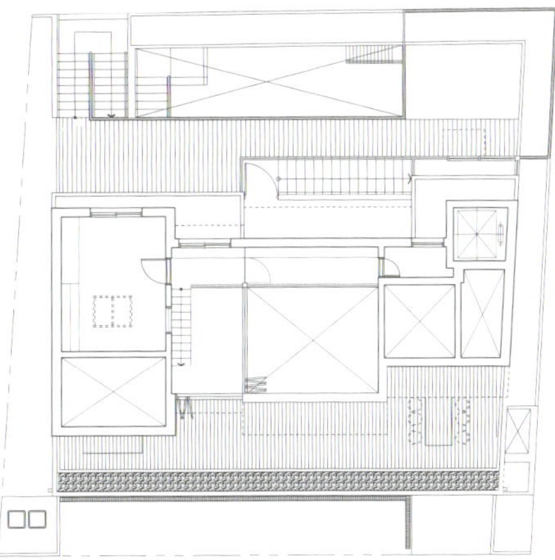

PLAN - ATTIC

W Building

—

예산 상가주택

한 동네에서 평생을 살아온 건축주는 낡은 집을 허물고 새집을 짓길 원했다. 그 배경에는 시골 마을치고는 상대적으로 유리한 주변 여건 덕분에 상가를 만들어 세를 놓고 싶은 이유가 컸다. 사이트 주변으로는 온천으로 유명한 관광지가 있어서 매해 방문하는 관광객이 늘고 있었고, 거기다 최근 멀지 않은 곳에 신도시가 조성되면서 인구가 늘어 상권이 점차 확대되고 있었다.

건축주는 전형적인 근린생활시설인 상가주택을 바랐다. 하지만 이들은 평생을 대문을 들어서 꽃이 가득한 마당을 지나 현관을 통해 집에 들어가던 주택의 삶을 즐겨왔다. 땅에서 떨어져서 상가건물의 맨 꼭대기 층에서 살아야 한다는 점이 가장 염려스러웠다. 따라서 건축주가 기존의 주택에 살던 방식처럼 집에 도착하기까지 진입의 여정이 있으면 했다.

우리가 고민했던 것은 크게 두 가지였다. 하나는 당연히 임대를 위한 상가건물로서 '얼마나 효율적인 임대면적을 확보할 수 있느냐'였다. 건축주 입장에선 기본적으로 해결되어야 하는 필수조건인 셈이다. 다음으로는 '1층에서 2층을 거쳐 3층까지 올라가는 그 여정을 어떻게 만들어줄 것이냐'다. 따라서 우리는 '대문–정원–현관'으로 이어지는 이 과정을 다른 형태와 공간으로 형상화하기로 하였다.

먼저 땅이 들어 올려졌다. 대문은 2개 층 높이의 커다란 공간으로 형상화되어 집의 입구임을 드러내고, 대문부터 집 앞 현관까지 이어지던 길은 수직적으로 확장되었다. 이렇게 확장된 길은 길어진 대신에 그 사이사이에 하늘과 주변의 풍경을 더해서 3층까지 이르는 수직 동선이 심심하지 않기를 바랐다. 그리고 마지막으로 3층에 이르러 수돗가와 장독대, 그리고 정원을 마주치면서 여정은 끝이 난다. 이렇게 도착한 집은 한쪽으로는 동남서로 이어지는 자연광을 충분히 받으며 북쪽으로는 마을의 시내가 한눈에 내려다보이는 전망을 갖는다.

건물의 겉모습은 단순한 이미지로 읽히길 원했다. 이는 지저분한 건물들과 간판들이 무질서하게 공존하는 동네에서 하나의 정돈된 이미지를 주고 싶었기 때문이다. 따라서 외피는 검은색 벽돌로 감쌌고, 3층까지 이르는 길을 따라 밝고 따뜻한 느낌의 오렌지색 공간을 만들었다. 이렇게 해서 건물의 중심이 되는 주요동선이 외부에서 재료와 공간으로 쉽게 읽히고, 이를 통해 흥미로우면서 동시에 단순한 이미지를 건물에 만들어주고자 하였다.

우리는 지방 어느 시골, 사거리의 한 모퉁이에 자리한 이 건물이 주변의 복잡하고 난해한 건축 환경 속에서 지역건축의 또 다른 방향을 보여줄 수 있는 사례가 되기를 바란다.

—

원유민 글   황효철 사진

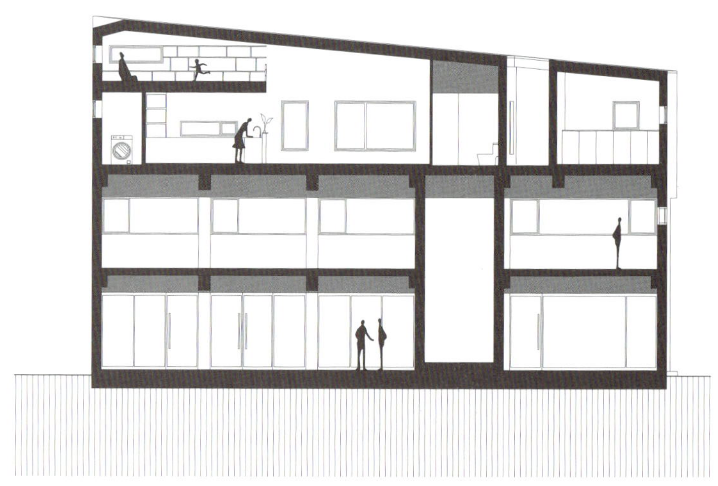

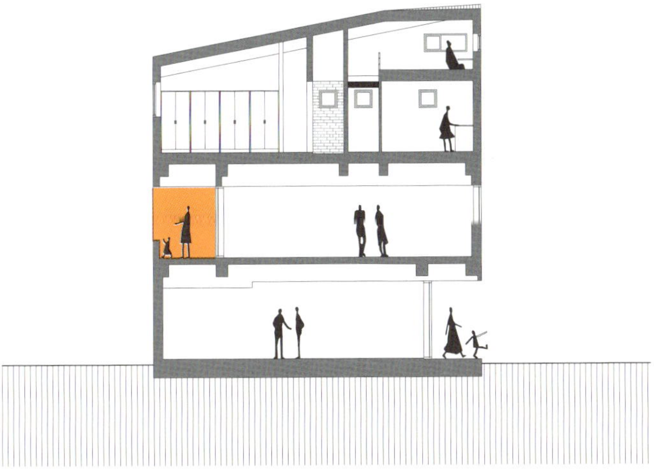

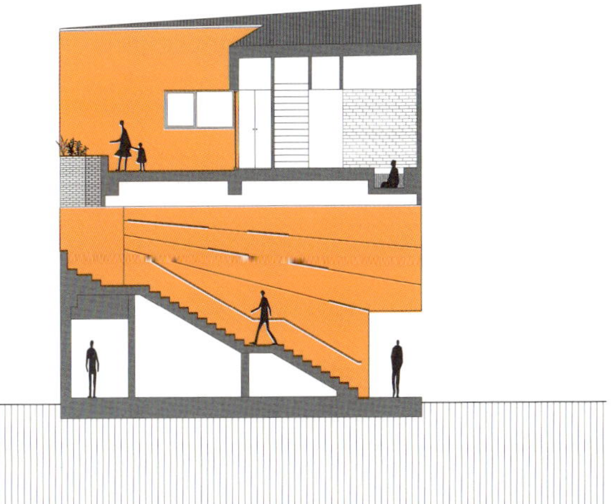

SECTION

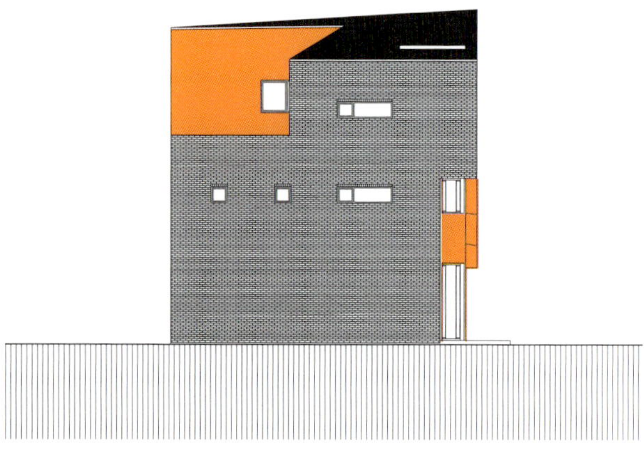

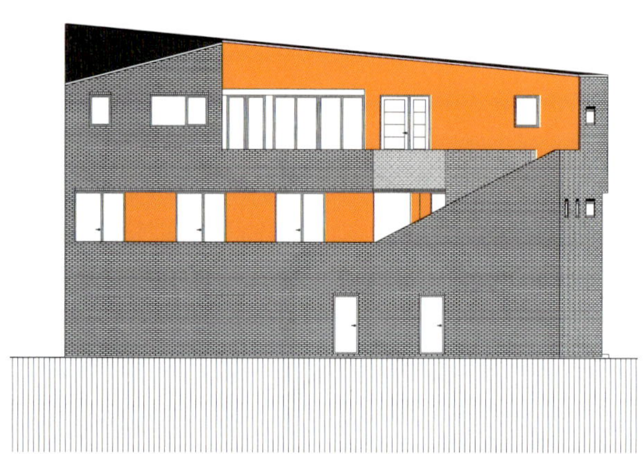

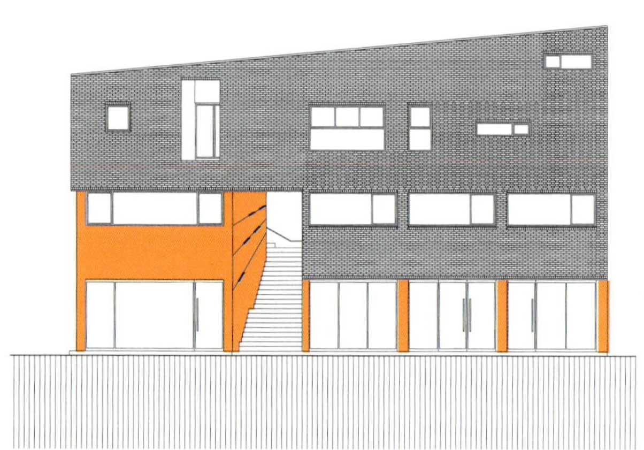

ELEVATION

HOUSE PLAN

대지위치 충청남도 예산군 덕산면 읍내리 | **대지면적** 331.0㎡(100.30평) | **건축면적** 192.9㎡(58.47평) | **연면적** 476.2㎡
(144.30평) | **건폐율** 58.28%(법정 60%) | **용적률** 143.87%(법정 200%) | **주차대수** 3대 | **최고높이** 12.09m | **공법** 기
초 – 철근콘크리트 / 지상 – 1, 2층 철근콘크리트 + 3층 목조 | **구조재** 철근콘크리트 + SPF 구조재 | **지붕재** 알루미늄징크 |
단열재 1, 2층 – 비드법 2종 1호 / 3층 – R30 + 50mm 암면 | **외벽마감재** 전벽돌, CRC보드 + 도장 | **창호재** 1, 2층 – 알루미
늄창호 / 3층 – 캐멀링 시스템창호 | **설계** JYA–RCHITECTS | **시공** Max Min House(원빌더) | **총공사비** 약 5억원

PLAN - ROOF

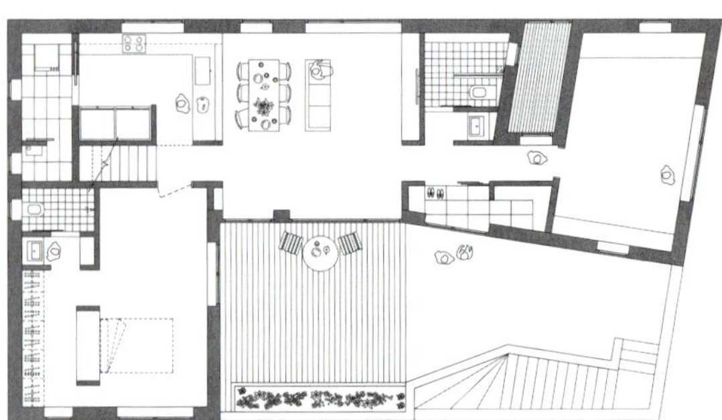

PLAN - 3F

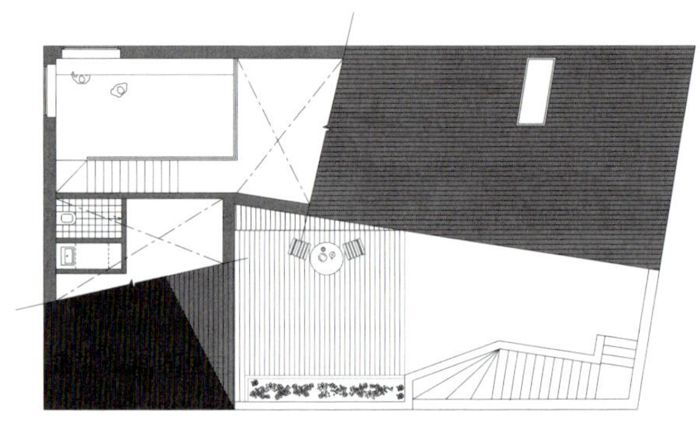

PLAN - 4F

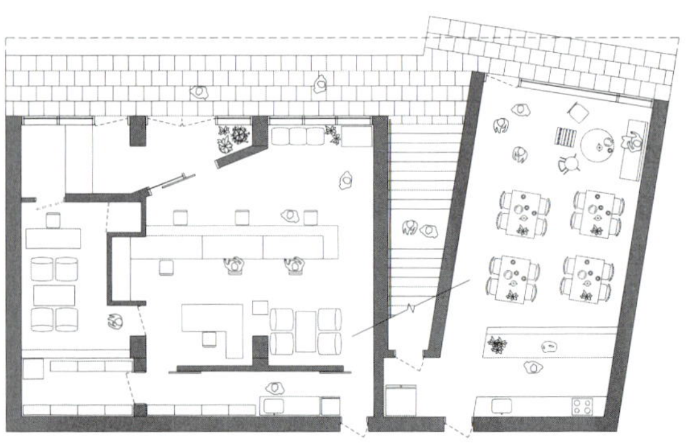

PLAN - 1F

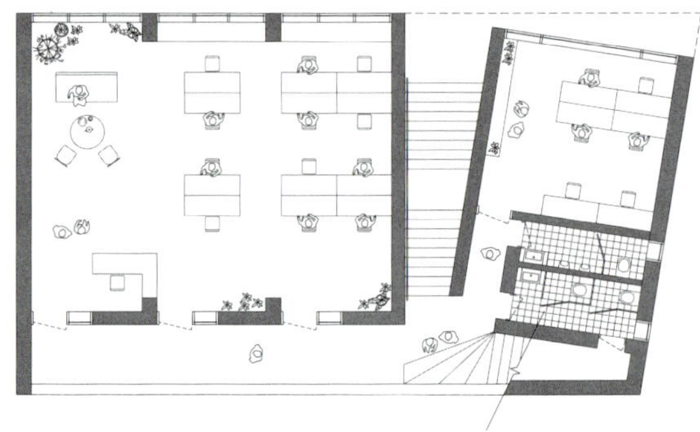

PLAN - 2F

INTERIOR SOURCES

내벽 마감 던에드워드 친환경 페인트 | **바닥재** 강마루 | **욕실 및 주방 타일** 한양타일 | **수전 등 욕실기기** 대림바스 외 | **주방 가구** 한샘 | **조명** 라이마스(LED 매입등 등) | **계단재** 애쉬 집성목 | **현관문** 코렐 시스템현관문 | **방문** 자작나무 원목 도어 | **붙박이장** 애쉬 집성목 현장제작 | **데크재** 루나우드

GAP HOUSE

—

복정동 쉐어하우스 틈틈집

대지가 위치한 성남시 복정동 지역은 인근에 2개의 대학교가 있어 학생들이 많고, 서울과 인접한 지역 특성 상 직장인들의 수요도 높은 지역이다. 이런 이유로 다가구 주택과 더불어 원룸, 고시원 등이 빼곡하게 들어서 있었고, 이 모습은 수도권의 전형적인 주거밀집 지역과 같았다. 경제성만을 추구하며 효율적으로 지어진 집들은 세밀한 생활 패턴의 고려 없이 획일적인 구조로 계획되어 천편일률적인 외관과 평면을 가지고 있다.

'틈틈집'은 침실은 각각 사용하면서 거실, 주방 등의 생활 공간을 공유하는 방식인 쉐어하우스로 계획되었다. 젊은 1인 세대의 새로운 주거방식인 쉐어하우스의 특성을 고려해 개인의 사적인 공간과 더불어, 모두가 공유하는 공간의 설계에 작업시간의 많은 부분을 할애하였다. 집 안에서 자연을 느낄 수 있고, 동거인 간에 활발히 교류할 수 있는 외부공간인 '틈' 만들기에 초점을 맞추어 계획하게 되었다.

먼저, 건물 중앙의 큰 '틈'인 중정은 전면을 필로티 구조로 하여 접근성을 높이고, 함께 공유하는 공간으로 계획하였다. 모든 세대의 앞, 뒷면은 이 중정을 통해 외기에 접하게 되어 환기가 유리하고, 북쪽에 있는 세대들도 남향 빛을 최대한 받아들일 수 있다. 이 큰 '틈'은 틈틈집의 입주민뿐만 아니라, 복정동 마을 주민 누구라도 자유롭게 드나들 수 있는 옛날 우리네 마을 앞 느티나무 밑 평상 같은 공간이라 할 수 있다.

다음으로 6개 가구의 작은 '틈'인 발코니는 중정과 외부로 열려 있어, 이를 통해 자연을 경험하며 다른 이들과 소통할 수 있다. 집 사이의 거리가 매우 가까운 지역 특성상, 일반적인 집처럼 전면에 발코니를 만들면 집 안이 들여다보이는 문제가 있는 데 반해, 틈틈집의 발코니는 밖에서 봤을 때, 좁고 깊게 만들어져 있어 외부로부터의 프라이버시를 최대한 보호받는다. 이 또한 중정이 있기에 가능한 방식이었다. 더불어 각 층의 발코니는 서로 엇갈리게 배치해 층간의 프라이버시를 확보했다.

틈틈집은 복잡하고 바쁘게 돌아가는 도시의 삶 속에 작은 틈이라도 만들어, 사는 사람들에게 짧은 시간이나마 마음의 여유와 평온을 가져다주었으면 하는 바람에서 만들어진 장소이다. 그렇게 마을과 집에 생겨난 작은 틈이, 사람과 사람 사이의 틈을 메우길 바라면서.

—

강우현, 강연진 글   강우현 사진

HOUSE PLAN

대지위치 경기도 성남시 수정구 복정동 639-14 | **대지면적** 367.8㎡(111.45평) | **건물규모** 지상 4층 | **건축면적** 181.31㎡ (54.92평) | **연면적** 596.64㎡(180.8평) | **건폐율** 49.30% | **용적률** 162.22% | **주차대수** 7대 | **최고높이** 14.80m | **구조재** 철근콘크리트 | **지붕재** 폴리우레아 방수 위 스터코 마감 | **단열재** 비드법보온판 2종 | **외벽마감재** 스터코 외단열시스템, 50×50 용접철망 위 도장 | **창호재** 공간시스템창호 | **계획 및 실시설계** 아키후드건축사사무소 | **시공** 강남건영㈜
www.glotone.co.kr

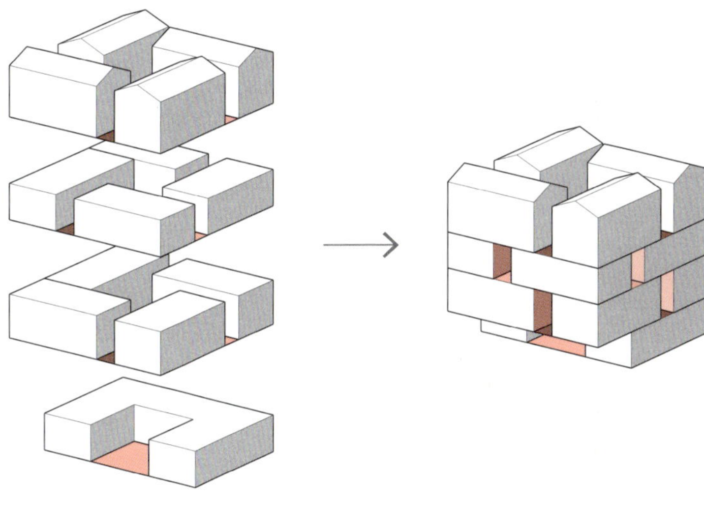

DIAGRAM

INTERIOR SOURCES

내벽 마감 석고보드 위 수성 페인트 | **바닥재** 탄탄마루 오크강마루 | **욕실 및 주방 타일** 100×300 무광 백색 타일 | **욕실기기** 대림바스, 아메리칸스탠다드 | **주방 가구** 주문제작 | **조명** LED T5 | **계단재** 콘크리트 위 하드너(공용), 30T 미송집성판(실내) | **현관문** 금강방화문 유로챔프도어 | **방문** 자작나무합판 주문제작 | **붙박이장** 제작 | **데크재** 25T 방부목 데크재

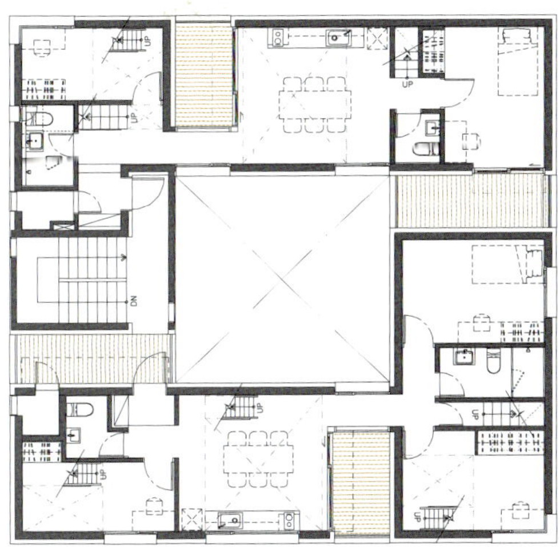

PLAN - 4F

PLAN - 3F

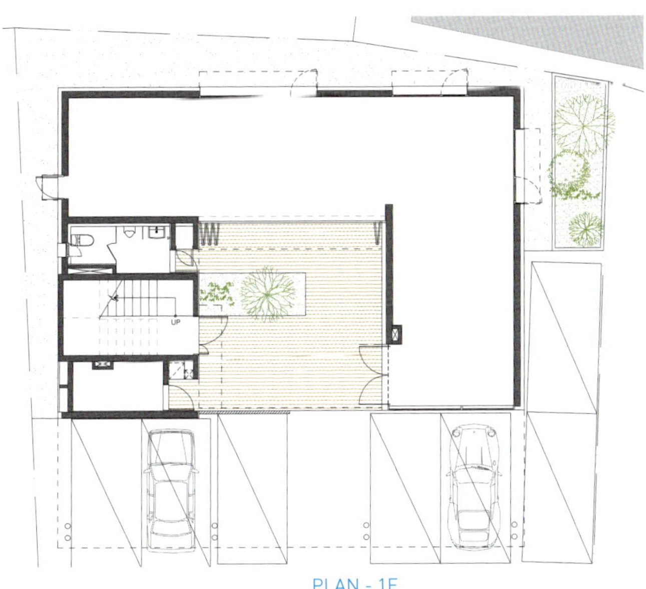

PLAN - 1F

PLAN - 2F

Warm Brick House

—

대구 만촌동 따뜻한 벽돌집

대구 수성구 만촌동에 위치한 '따뜻한 벽돌집'은 상업건물과 주거건물이 혼재된 북서쪽 각각 8m 도로에 접한 코너 땅에 위치한다. 북쪽 건너편에는 나 홀로 아파트가 있고, 북서쪽으로는 만촌 성당과 대규모 아파트 단지가 자리한다. 반면 남쪽, 남동쪽으로는 2층 규모의 단독주택들이 옹기종기 모여 있다. 북쪽의 동서 방향 도로에는 상가들이 많이 분포되어 있지만, 서쪽 남북방향의 도로에는 단독주택과 다가구 주택과 같은 주거건물이 위치한다. 아마도 우리의 일상에서 흔히 접할 수 있는 익숙한 '장소·길'이라고 생각한다.

영어 교습소를 운영하는 클라이언트는 북서쪽의 대규모 아파트 단지에 거주하고 있었다. 동네를 오가면서 오랫동안 눈여겨봐 온 땅에 노후를 위한 집을 짓기 위해서 우리를 찾아왔다. 층별로 1층 임대상가, 2층 교습소, 3층 다가구 주택·임대, 4층 다가구 주택(주인세대)으로 구성된 건물이 되도록 설계를 의뢰하였다.

다가구 주택과 관련한 법 해석에 의해, 주차대수 전체를 필로티 주차가 아닌 옥외 주차로 설치할 경우 1층 전부를 상가공간으로 사용할 수 있다. 1층의 엘리베이터 공간과 직선 계단을 제외한 모든 영역을 임대상가를 위한 공간으로 할애하였다. 도로에 면한 임대상가의 벽은 유리로 설치하여 접근성과 인지성이 높을 수 있도록 구성하였다.

계단은 단순히 이동을 위한 기능뿐 아니라, 도시와 건축의 매개적 역할을 동시에 수행해야 한다고 생각한다. 1층에서 시작하여 4층 주인세대까지 연결된 계단은 노약자들도 오르내리기 쉽도록 적정한 단 높이로 계획하였다. 층별로 직선계단, 돌림계단, 계단참 오픈 등 다양한 방식으로 구성하여 개방적인 공간이 되도록 하였다. 또한, 계단실의 외부로 향한 큰 창들은 밝은 채광이 가능하며 계단실의 생동감을 외부로 보여준다.

3층 다가구 주택(임대)은 2가구로 각각 26평형, 20평형으로 구성하였다. 실내의 거주공간은 될 수 있으면 남향을 바라볼 수 있도록 배치하였으며, 프라이버시를 위해 알루미늄루버 덧문을 각 창문에 설치하였다.

4층 주인세대는 현관을 열고 들어서면, 다락으로 올라가는 계단과 남향을 바라보는 중정, 그리고 목재로 마감된 복도가 일체화된 모습으로 가장 먼저 모습을 드러낸다. 거실, 주방, 안방은 높고 경사진 천장으로 구성하여 특별한 공간감이 연출되도록 하였다

남향을 바라보는 중정은 실용적인 측면을 고려하였다. 낮 동안의 넉넉한 채광 효과, 주방과 부엌 영역의 확장으로 보조적 역할, 거실과 주방의 영역을 분리하되 연결하는 조건을 충족시키고 있다. 다락은 건축주의 취미생활을 위한 공간, 서재 그리고 게스트룸으로 채워졌다. 실내는 전체적으로 수성페인트로 칠하고, 복도 부분은 목재·자작나무 합판으로 마감하였다. 또한, 거실에 인접한 서재의 출입문을 한식 미서기 창으로 설치했다.

'따뜻한 벽돌집'이 이웃에게는 도시에 활력을 불어 넣을 수 있는 집, 어두운 밤길에도 동네 주민들이 안심하고 다닐 수 있는 길 위의 집이 되기 바란다. 건축주에게는 비가 새지 않고 단열이 잘 된 튼튼한 집, 오래 살아도 질리지 않고 따뜻하고 편안한 기분이 드는 넉넉한 집이 될 기대한다.

—

김건철 글   문정식 사진

FRONT ELEVATION

SIDE ELEVATION

HOUSE PLAN

대지위치 대구광역시 수성구 만촌동 424-1 | **대지면적** 288㎡(87.27평) | **건물규모** 지상 4층 | **건축면적** 167.93㎡(50.89평) | **연면적** 575.39㎡(174.36평) | **건폐율** 58.31% | **용적률** 199.79% | **구조재** 철근콘크리트 | **외벽마감재** 스터코플렉스, 점토벽돌치장쌓기 | **창호재** LG 시스템창호, PVC이중창 | **설계** 스마트건축 김건철 | **시공** ㈜세움종합건설 조득환 김동조 053-592-0223 | **총공사비** 약 6억원

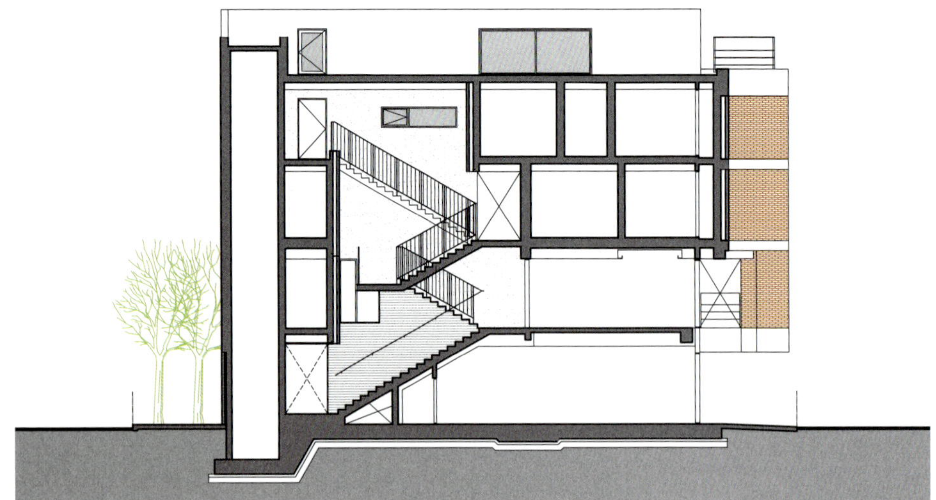

SECTION

내벽 마감 주인세대 – 자작나무합판, 수성페인트 / 임대세대 – 종이벽지 | **바닥재** 주인세대 – LG 강마루 내츄럴오크 / 임대세대 – 우드데코타일 | **욕실 및 주방 타일** 자기질타일 | **수전 등 욕실기기** 계림 | **주방 가구** 주인세대 – 한샘 / 임대세대 – 하이그로시 마감 | **조명** T5 조명 | **계단재** 에폭시 코팅 | **방문** ABS도어 | **붙박이장** 하이그로시 마감 | **데크재** 20×90 미송 위 오일스테인

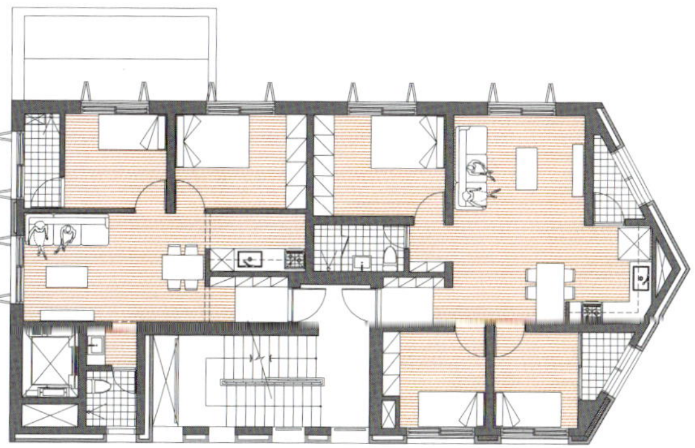

PLAN - 3F

PLAN - 2F

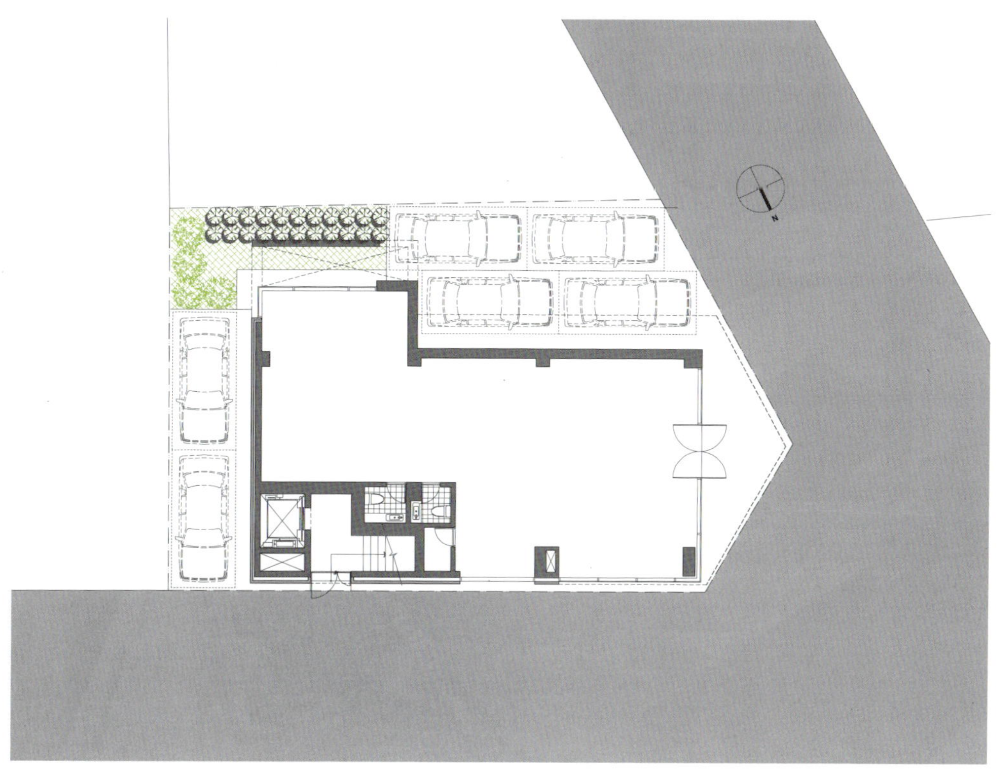

PLAN - 1F

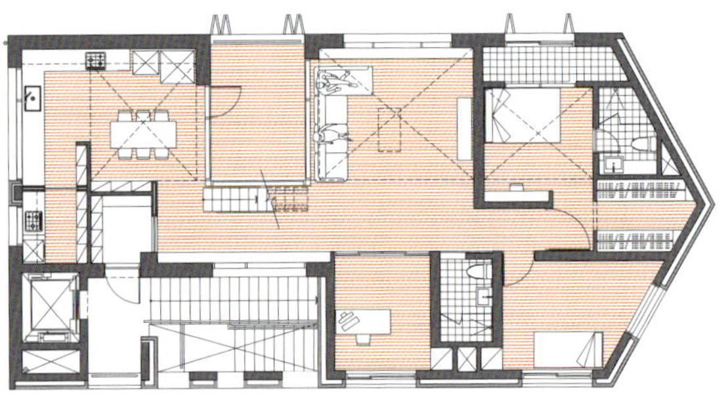

PLAN - 4F

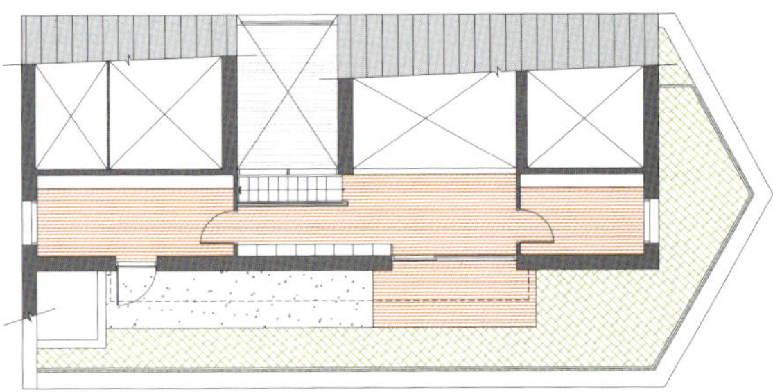

PLAN - ATTIC

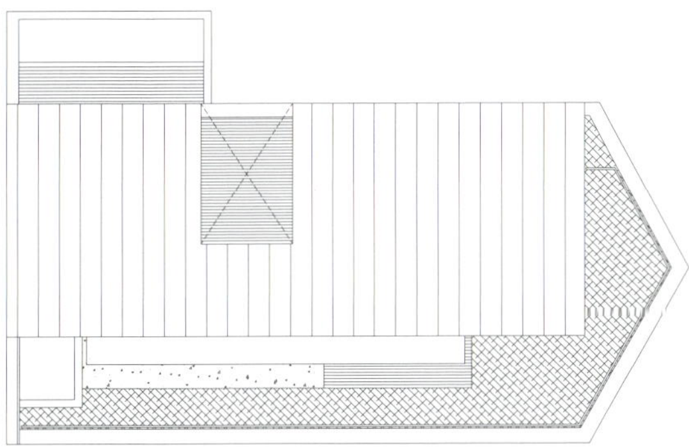

PLAN - ROOF

WHITE HOUSE

—

방배동 하얀집

방배동이라고 하면 사람들이 흔히 떠올리는 화려한 이미지와 달리, 방배본동은 오래된 4~5층짜리 건물들이 밀집된 구도심 마을이다. 하지만 기존 건물을 헐고 신축 공사를 진행해야 할 정도로 낡은 것도 아니다. 근래 15년 동안 변화가 없었던 마을에 새롭게 들어서는 건물은 설계자 입장에서는 장점일 수 있으면서 매우 큰 난제가 될 수 있는 요건이었다. 다세대 주택이 이미 포화를 이루고 있는 동네 한복판에 성공적으로 진입하려면 아주 신선한 공간을 제안할 필요가 있었다.

건축주뿐 아니라 예비 입주자도 만족할 설계를 한다는 것은 당연한 듯하면서도 쉽지 않다. 고민 끝에 설계자의 고객이 건축주라면 건축주의 고객은 입주자이니, 결국 거주할 입주자 입장에서 설계하면 된다는 생각을 '요앞 하얀집'의 시작점으로 삼았다. 젊은 설계자 3인방에게 어울리는 발상이면서도, 어찌 보면 공간은 사용자의 편의를 최우선 과제로 해야 한다는 건축의 원칙에 기반을 둔 생각이었다.

이 프로젝트의 대지는 3면이 도로에 닿는 코너 땅이라는 장점이 있지만, 폭 8m에 길이 20m의 좁고 긴 땅이라는 특이점이 있었다. 다세대 주택이 들어서기에는 작은 면적이었다. 건축주가 희망한 아홉 세대가 들어가기에는 아주 빠듯했다. 신선하면서도 부족한 공간이 최대한 효율적으로 쓰인 건물을 만들기 위해 고심했다. 우리는 여러 원룸의 단순한 집합이 아닌, 하나의 커다란 주택처럼 보이는 건물이라는 발상에서 해결의 실마리를 찾았다. 세입자의 생활 질을 최우선 순위에 두니 뜻밖에 답은 쉽게 보였다.

결과적으로, 주변 건물들보다는 높이나 외관 규모가 크지 않은데도 한눈에 보기에 커다란 덩어리로 보이는 역설적인 건물이 탄생했다. 건물이 커 보이는 건 단지 하얀색이어서만은 아니다. 건물 안팎으로 대개의 다세대 주택이 가진 경직성에서 탈피하는 데 성공한 결과다. 먼저 옥상 층을 주택의 지붕 모양으로 형상화하고 외관에서 보이는 각 세대의 창문이 비정형으로 놓이게 했다. 또 연통, 그릴창, 가스관 등 외벽에 세대의 경계를 그어버리는 요소들은 최대한 숨겼다.

이렇게 하자 일석이조의 결과가 생겼다. 또 다른 설계자의 의도가 실현된 것이다. 설계자는 시각적 효과를 고민하면서, 단순히 '예쁜 것'이 아니라 거주자들이 실생활 안에서 겪게 될 정서적 경험을 향상시키는 데 기준을 두었다. 즉 고층에 있는 투룸 거주자든 저층의 원룸 거주자든 건물에 들어설 때는 자신의 방 한 칸이 아닌 집 전체로 들어간다는 느낌이 들게 하려고 의도했다.

다세대 주택에서 공용 면적은 이름만 '공용'이지 지금까지 누구의 것도 아닌, 어쩔 수 없이 존재하는 공간이었다. 설계자는 이를 뒤집었다. 투룸이나 원룸에 사는 사람들은 삭막한 정서 속에서 살기 십상이다. 설계자는 옥상과 통로 등의 공용 면적을 진정한 의미에서의 '공용'으로 만들어, 거주자들이 사용하는 공간을 각자 임대한 방에서 공용 공간으로 확장하고자 했다. 설계자 3인방의 젊고 트렌디한 감각에 부합하는 컬러를 입히고 계단 난간에 와이어라는 감각적인 요소를 사용해서 공간의 개방과 확장을 완성했다. 그러면서도 각자의 공간에서는 현대인에게 중요한 프라이버시를 최대한 확보하기 위해 철제프레임을 둘러 창에 깊이감을 줬다.

건축주의 요구에 따라 세대수를 최대한 늘린다는 목적도 약간의 위트를 넣어 달성했다. 일조사선 규정인 8m 안에 3개 층을 넣으면 필연적으로 발생하는 단점은 각 세대 층고가 열악해진다는 것이었다. 설계자는 새로운 접근으로 이를 보완하는 방법을 찾았다. 화장실과 부엌을 한데 배치함으로써 설비배관이 그 안에 집중되도록 하고, 배관이 지나지 않는 거실의 천장 공간을 최소화하여 열악한 층고를 극복했다.

역설적이게도, 요앞 하얀집이 완공되자 건물 하나가 더 크게 들어섰는데도 동네가 빽빽해진 게 아니라 한층 여유로워진 느낌이다. 채워지거나 보태진 것이 아니라 비워진 인상을 준다. 복잡한 반배본동 골목길 한 어귀에 요앞 하얀집은 하나의 즐거운 위트처럼 서 있다.

—

김도란·류인근·신현보 글   조재욱 사진

원룸텔
zip
(070)
7619-3371
KOSA

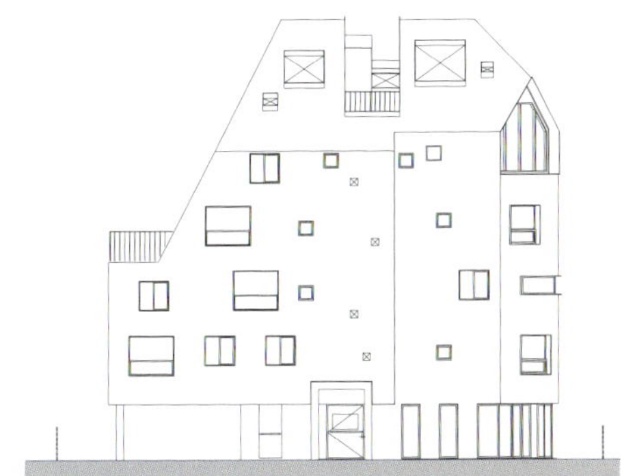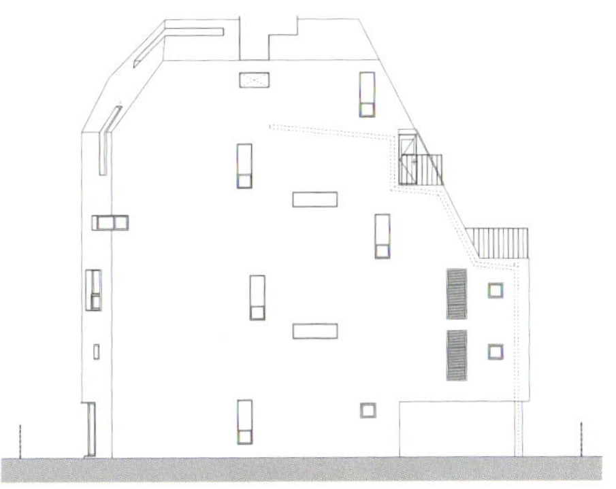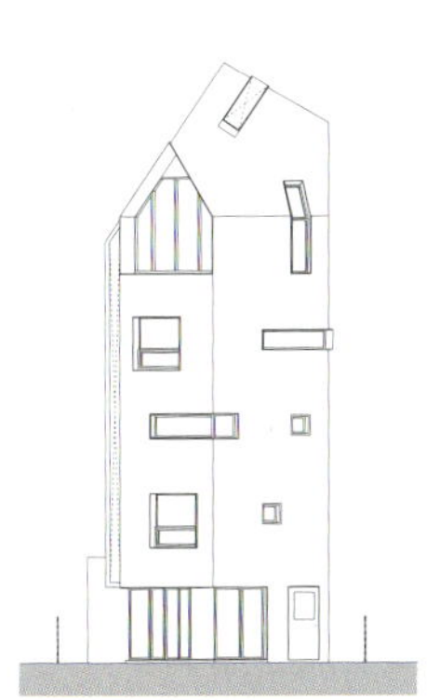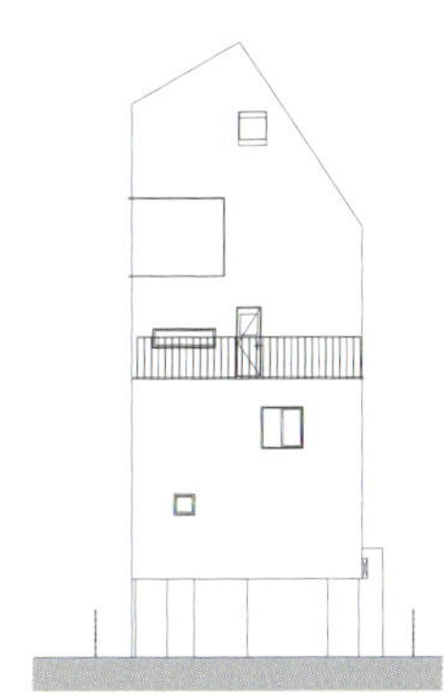

ELEVATION

······················ **HOUSE PLAN** ······················

대지위치 서울시 서초구 방배동 | **대지면적** 175㎡(52.94평) | **건물규모** 지상 5층 | **건축면적** 99.15㎡(29.99평) | **연면적** 349.42㎡(105.70평) | **건폐율** 56.62% | **용적률** 199.55% | **주차대수** 4대 | **최고높이** 17.6m | **공법** 기초 – 매트기초 / 지상 – 철근콘크리트(벽식) | **구조재** 철근콘트리트 | **단열재** THK85 단열재 가등급 1호 | **외벽마감재** 스터코플렉스 | **창호재** PVC 제작창 | **설계** 디자인밴드 요앞 | **시공** 이인시각 | **건축비** 3.3㎡(1평)당 390만원

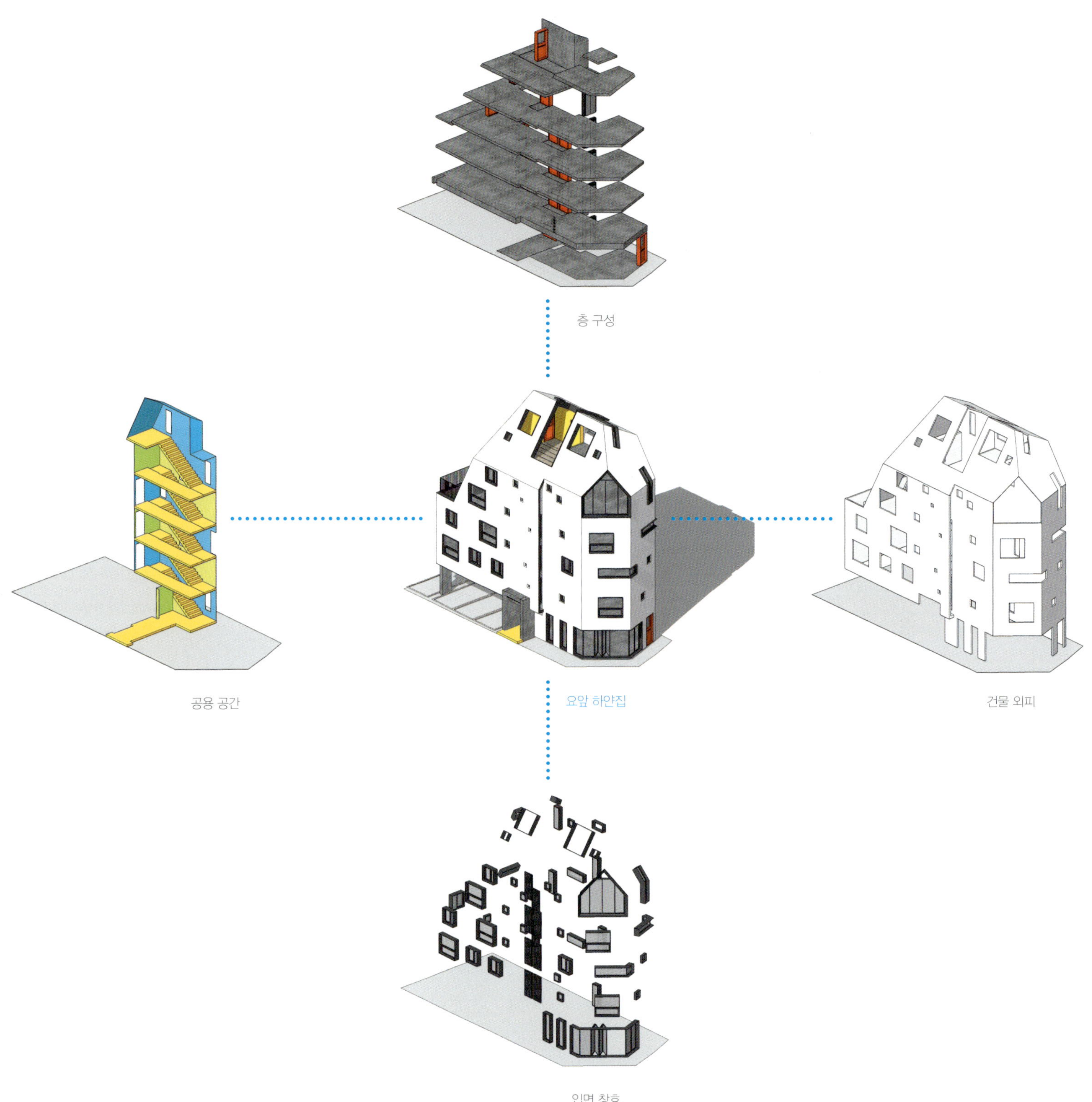
층 구성
공용 공간
요앞 히안집
건물 외피
입면 창호

요 앞 하얀집
방배동 784-11 (동광로 1길 6)

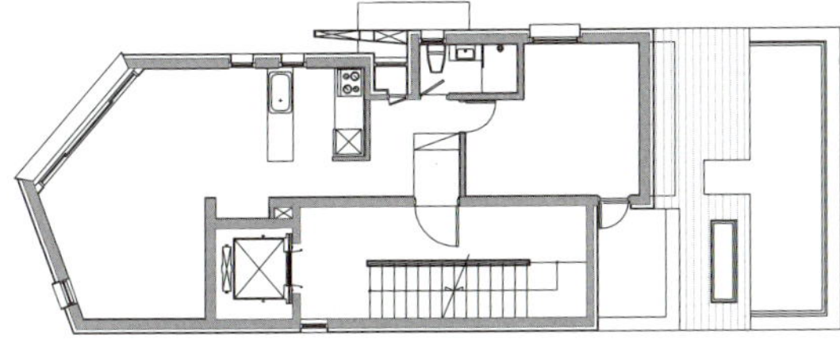

PLAN - 5F

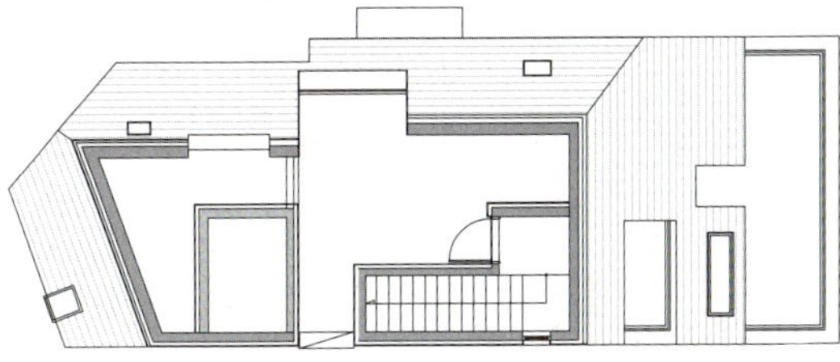

PLAN - 6F

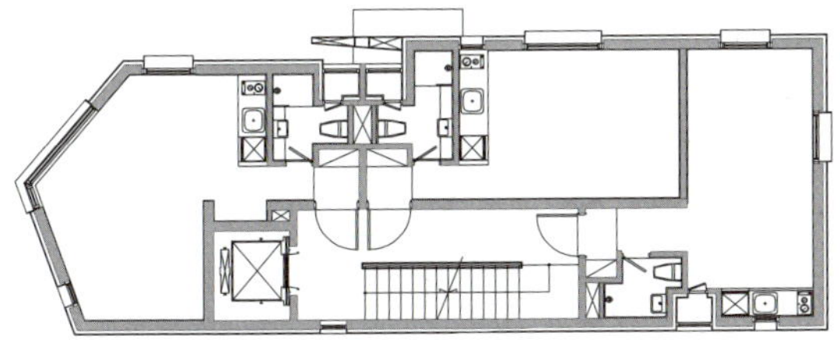

PLAN - 3F

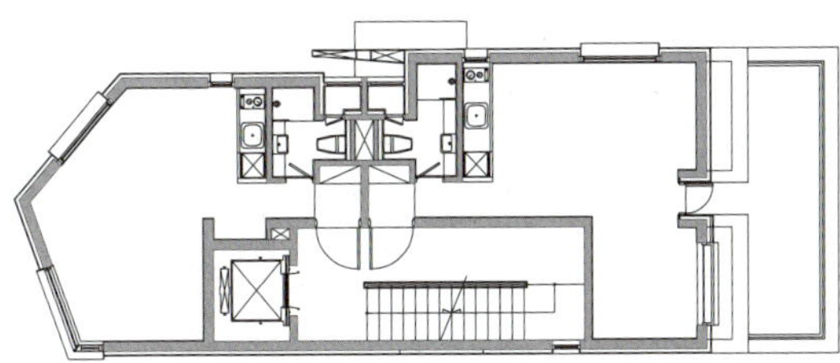

PLAN - 4F

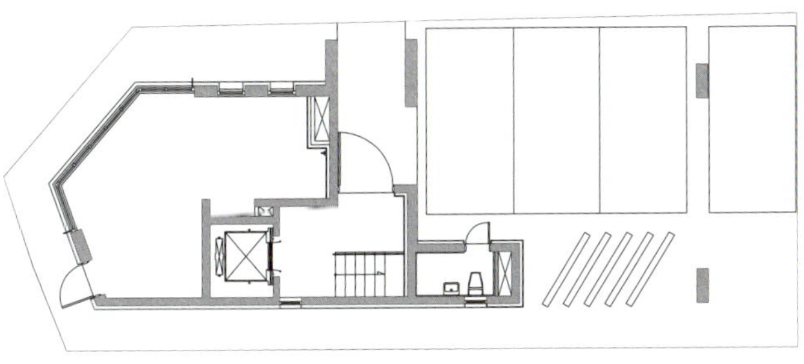

PLAN - 1F

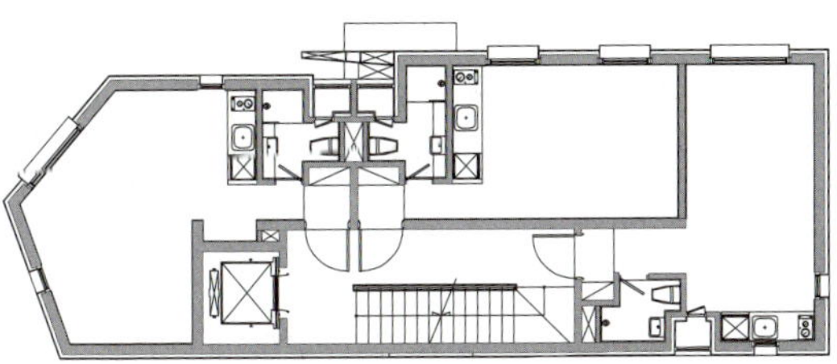

PLAN - 2F

PULL
5 01
RETURN
4 01
4 02
3 01
3 02
3 03
2 01
2 02
2 03

.... **INTERIOR SOURCES** ....

내벽 마감 DID벽지(세대 내), KCC페인트(공용부) | **바닥재** 이건마루 | **주방 타일** 강화 컬러유리 | **수전 등 욕실기기** 대림바
스 | **주방 가구** 주문제작 | **계단재** 콘크리트 + 컬러에폭시 마감 | **현관문** 철제 제작 현관, 망입유리, 분체 도장 | **방문** ABS
도어, 디럭스도어 평판(화이트) | **붙박이장** 제작 | **데크재** 방부목 | **주계단 난간** 와이어 로프

GUYEDONG HOUSE

—

구의동 다세대 주택

설계 당시 건축주와 첫 미팅을 하던 날이었다. 몇 개의 이미지들을 보여주며 의향을 물었는데, 건축주와 초등학생 딸은 유선형의 매스에 강한 호감을 보였다. 부부는 딸의 의견을 중요하게 생각하여 건축물 내부에 둥근 공간이 있는 계획안을 채택했다. 일반적인 결정과는 다른 다소 과감한 선택이었다.

대지는 서울의 일반적인 다세대 주택 밀집 지역에 위치하고 있다. 건축주는 신축부지 바로 옆 주택에서 오래 살아온 토박이였고, 현재 두 개의 대지에는 모두 다세대 주택이 세워졌다. 마을은 빽빽한 건물과 좁은 길만 있을 뿐, 도시적 공간이나 주민을 위한 커뮤니티 공간이 부재한 상태였다. 대안으로 선택한 것이 바로 외부 계단과 유선형 매스다. 이 주택은 길에서 바로 진입할 수 있는 산책로 형태의 외부 계단을 형성하고 길에서 보이는 유선형 내부 공간을 만들어 보행자에게도 이 독특한 건물을 간접 체험할 수 있도록 했다. 원형 공간은 입주민의 커뮤니티를 위한 풍경을 만들어 주는 일종의 쉼터로 인식되기도 한다.

주택의 1층은 주차장과 근린생활시설, 건축주 전용 출입구로 구성되어 있다. 상업 공간 외벽은 곡선을 그대로 살린 유글라스(U-glass) 벽면으로 일체감을 주었다. 필로티 내부의 천장은 과감하게 목재로 마감해 노출콘크리트 입면의 건조함을 상쇄한다. 1층 출입구 내부에 건축주 세대로 바로 올라가는 엘리베이터가 자리해, 주차장에서 바로 이어지는 동선이 편리하다.

2층은 산책로 형식의 외부계단으로 직접 진입할 수 있다. 계단에서 잠깐 쉬는 참이면 4세대를 위한 커뮤니티 마당에 당도한다. 이 둥근 마당은 노출콘크리트 매스와 벽에 의해 독립성이 확보되며 하늘을 투영하는 진입공간으로 활용된다. 커뮤니티 마당은 이처럼 폐쇄적인 동시에 개방적인 공간으로, 세대 간 소소한 교류가 일어나고 도시민에게 이런 교류를 보여줄 수 있기를 기대하며 디자인했다.

각 임대 세대들은 복층 형태로 구성된 점만 같을 뿐, 내부 구조는 모두 다르다. 거실과 주방이 오픈된 형태에 넓은 화장실을 채택하고, 침실은 3층에 주로 배치되도록 했다. 입구가 있는 벽면은 유글라스로 시공되어 자연 채광을 최대한 내부로 끌어들이며 빛의 산란 효과를 얻는다.

4, 5층은 건축주의 거주 공간으로 층간을 이동할 때는 커뮤니티 마당의 둥근 매스를 따라 산책하듯 진입한다. 4층은 유선형의 거실과 주방으로 구성되고, 유글라스 벽면을 따라 곡선의 계단이 자리한다. 5층 침실들은 복도식으로 연결되어 있고, 각각의 테라스가 딸려 독립적이다.

디자인 과정 중 가장 고심했던 부분은 계획된 유선형의 매스를 어떻게 구축하느냐 하는 것이었다. 창이나 외부 재료가 내부의 유선형 공간을 해치지 않고, 일관성 있는 라인을 형성하기 위해 유글라스와 노출콘크리트를 선택하게 되었다.

시공하는 도중 현장과 많은 대화가 오갔음에도 불구하고 여러 번의 재시공 과정이 발생했다. 심지어 한 층의 노출콘크리트를 타설하기 위하여 4번의 재시공이 이루어지기도 했다. 도면과 시공의 난도(難度)가 높아 까다로운 현장이긴 했지만, 예측하지 못한 공간과 디테일을 해결하면서 거듭 성취감을 얻은 현장이기도 하다. 이로써 저녁이 되면 건물 전체가 빛을 발하는, 따뜻한 노출콘크리트 건물이 완성되었다. 이웃들이 오다가다 그 온기를 나눠 받았으면 한다.

—

이현수 글   변종석·김광석 사진

HOUSE PLAN

대지위치 서울시 광진구 구의동 | **대지면적** 220.68㎡(66.87평) | **건물규모** 지상 5층 | **건축면적** 132.03㎡(40평) | **연면적** 399.36㎡(121.01평) | **건폐율** 59.83% | **용적률** 180.97% | **주차대수** 5대 | **최고높이** 14.4m | **공법** 기초 – 매트기초 / 지상 – 철근콘크리트 | **구조재** 철근콘크리트 | **단열재** THK120 압출스티로폼 | **외벽마감재** 노출콘크리트, 유글라스 | **창호재** LG창호 | **설계** 건축사사무소공감(이현수), 창조공간 | **시공** ㈜수목PM, ㈜창조공간건설 www.창조공간.com | **건축비** 3.3㎡(1평)당 550만원

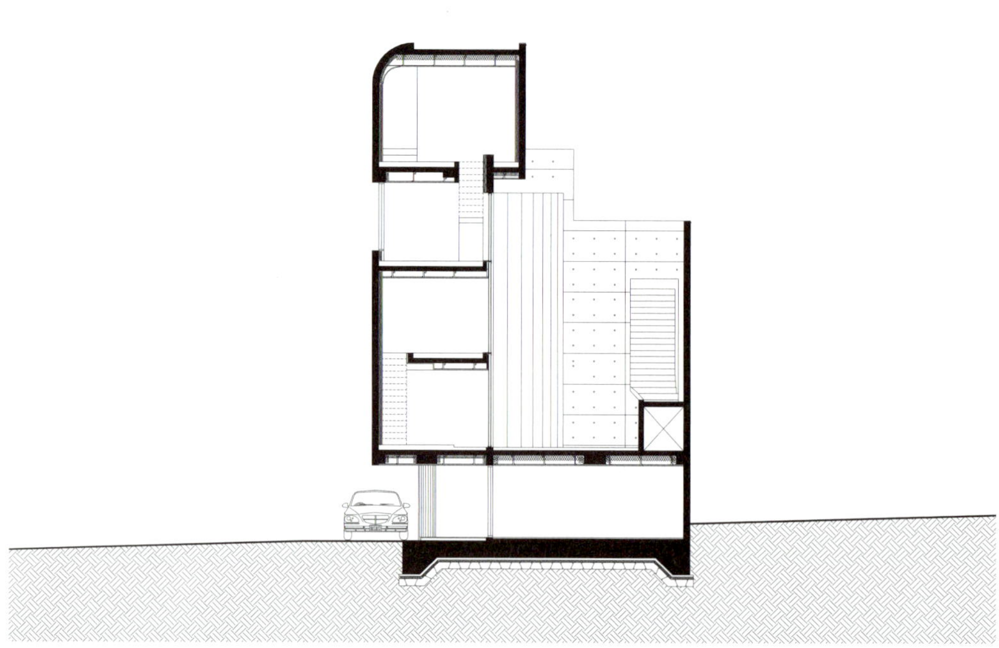

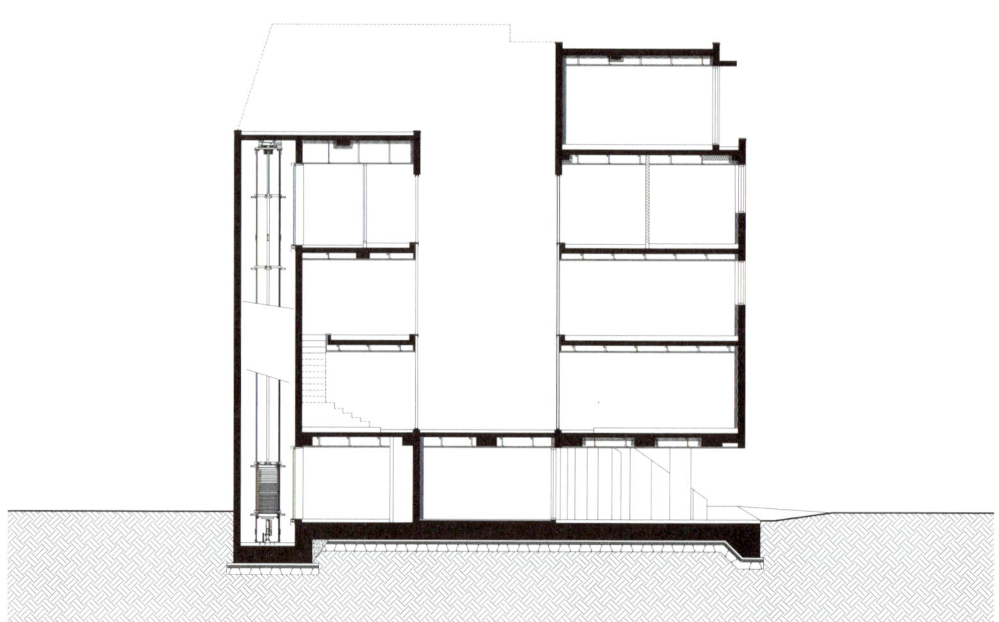

SECTION

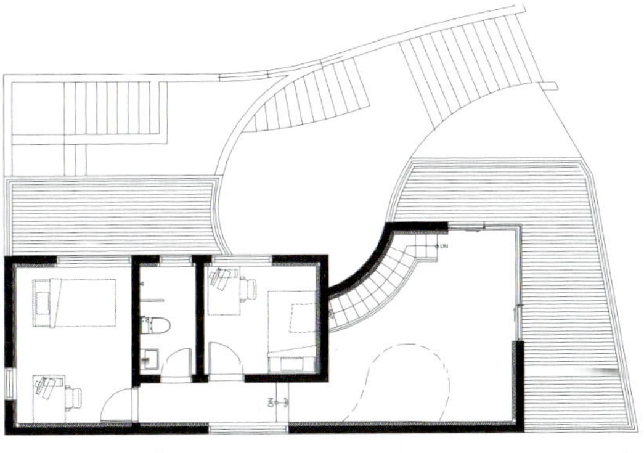

PLAN - 5F

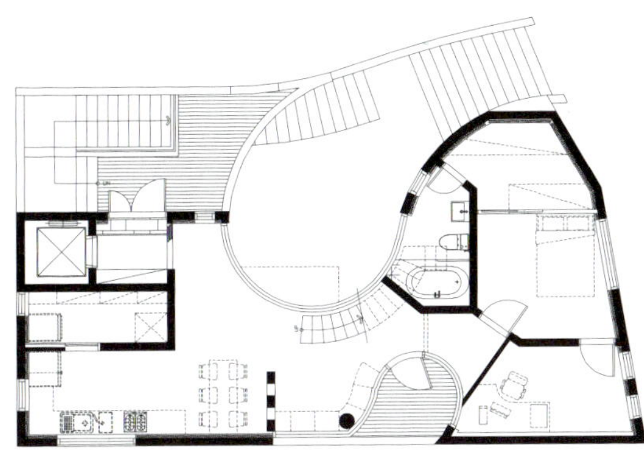

PLAN - 4F

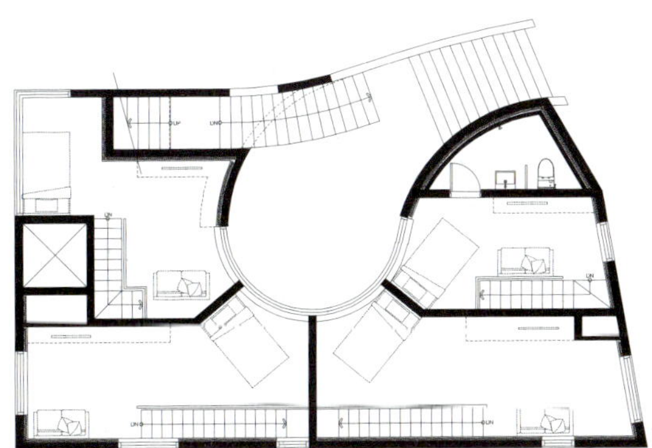

PLAN - 3F

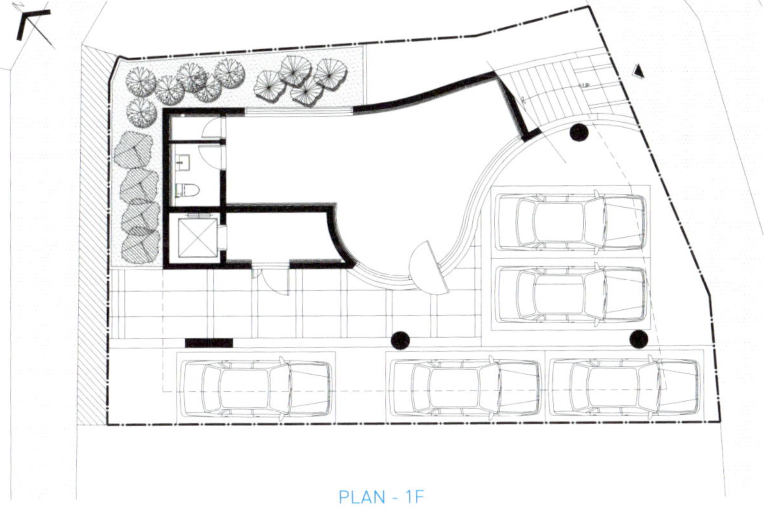

PLAN - 1F

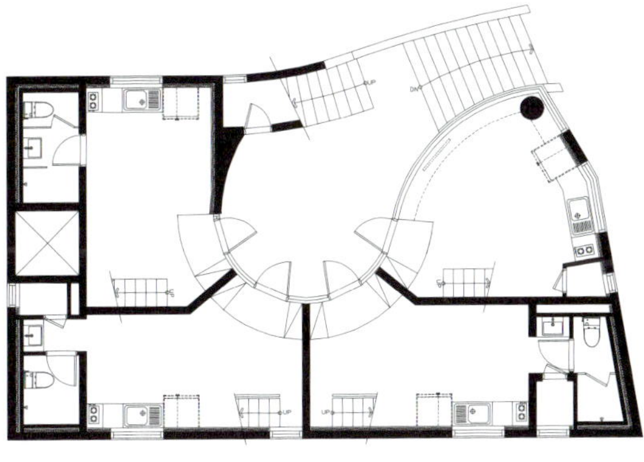

PLAN - 2F

INTERIOR SOURCES

내벽 마감 비닐페인트, 실크벽지 ｜ **바닥재** 강화마루, 방습마루 ｜ **욕실 및 주방 타일** 대동타일 ｜ **수전 등 욕실기기** 대림바스 ｜ **주방 가구** 한샘 ｜ **조명** ㈜인터루체 ｜ **계단재** 멀바우 집성원목 ｜ **현관문** 현장 제작 ｜ **방문** 한화 홈도어 ｜ **붙박이장** 한샘 ｜ **데크재** THK30 방부목

Beyond the Screen

—

내발산동 다세대 주택

오래된 다세대 주택들과 신축빌라가 밀집해 있는 강서구 내발산동의 주거지역에 자리한다. 건축주는 임대 수익을 올릴 수 있는 다세대 주택 설계를 의뢰했다. 우리는 프로젝트를 진행하면서 철거 전 공실로 남아 있는 건물을 임시 설계사무실로 사용했는데, 대지가 있는 동네를 자세히 관찰하는 독특한 경험을 하며 작업을 진행했다. 프로젝트는 기존 다세대 주택들을 조사하고 문제점을 고찰하는 것부터 시작했다.

다세대 주택은 아파트, 단독주택에 이어 한국의 도시 주거 유형 중 세 번째로 많은 유형임에도 불구하고, 개발업자들의 경제적 이익 추구와 서민들의 자가 소유 욕구가 부합해 법의 규제 안에서 최대한의 면적을 확보하며 싸고 빠르게 짓자 식의 양적 성장에만 치중해 왔다. 그 결과, 물리적 환경의 질과 건축적 완성도는 별다른 발전 없이 그대로 머무르고 있는 것이 현실이다.

우리는 작지만 풍요로운 공간과 삶을 제공하는 다세대 주택을 짓겠다는 목표를 가지고 작업했다. 건축주와 사용자 그리고 도시 미관상 측면 등 모두를 만족하게 할 공간을 만들고자 했다.
　　　　북측의 6m 도로와 서측의 4m 도로가 만나는 코너에 자리한 이 건물은 정북 일조사선제한과 도로 사선에 의해 생기는 법률적인 한계선에 의해 자연스럽게 형태가 정해졌다. 겉으로 보기에는 하나의 볼륨처럼 보이나, 실제로는 두 개의 매스가 외부계단에 의해 연결된 H자형 평면으로 동서 방향으로는 스킵플로어 구조를 취하고 있다. 1층에는 근린생활시설과 필로티 주차장이, 2층에서 5층까지는 크기와 형태가 서로 다른 총 14세대가 들어간다.

기존의 다세대 주택이 가지고 있는 전형적인 평면 구성에서 벗어나, 스킵플로어 구조를 취함으로써 복도가 아닌 각각의 계단참에서 바로 세대 진입이 가능하게 하는 새로운 유형을 제시하고자 했다. 이로 인해 불필요한 공용 공간을 줄이고 전용면적을 극대화할 수 있었으며, 또한 벽돌의 비워쌓기방식을 중정 공간뿐만 아니라 인접 건물과 접한 입면, 그리고 설비 시설이 계획되는 곳곳에 적용해 기능적인 부분은 물론 심미적인 부분까지도 모두 만족할 수 있도록 했다.

어두침침한 복도를 지나 세대로 진입하는 것이 아닌 계절과 시간의 흐름에 따라 빛과 바람에 의해 다양한 표정이 연출되는 중정 공간을 통해 각 세대로 진입할 수 있는 경험을 가지도록 했다. 또한, 각 세대는 모두 삼면에 개구부가 생겨 적극적인 자연 환기가 가능하며, 벽돌 스크린은 외부의 시선으로부터 입주민의 사생활을 보호하는 역할을 한다.

수익성과 좋은 디자인을 요구한 건축주의 요구 또한 충족시킬 수 있었다. 도시 미관상 측면에서는 다음에 일어날 수 있는 상황들을 예측해 초기 계획 단계에서 충분히 반영해 설계함으로써, 무분별한 설비시설의 노출과 건물의 형태가 확장 변질하는 사항들을 막고 인근 주민으로 하여금 아름다운 건물에 대한 관심을 불러일으킬 수 있게 되었다.

—

이소정·곽상준 글   신경섭 사진

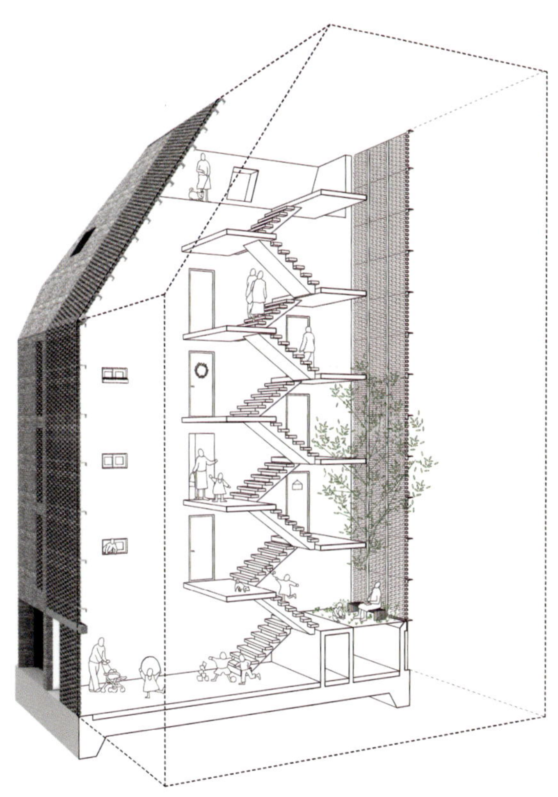

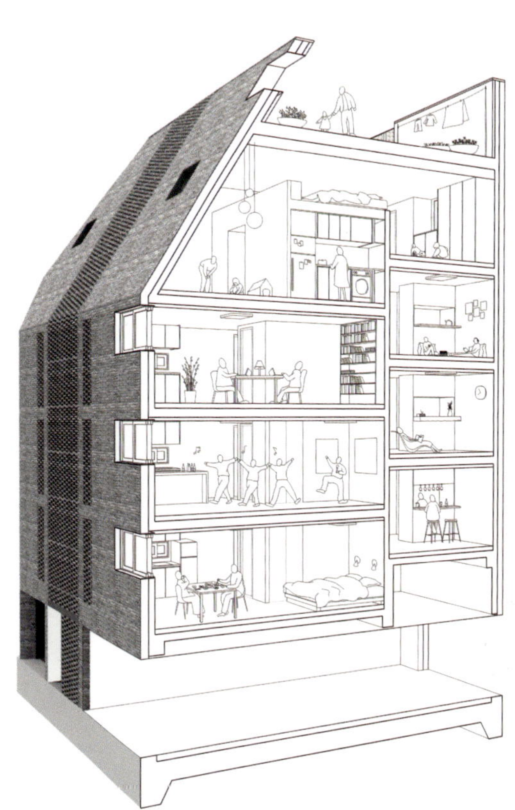

SECTION

HOUSE PLAN

대지위치 서울시 강서구 내발산동 | **대지면적** 215㎡(65.15평) | **건물규모** 지상 5층 | **건축면적** 128.08㎡(38.81평) | **연면적** 427.24㎡(129.46평) | **건폐율** 59.57%(법정 최대 60%) | **용적률** 198.72%(법정 최대 200%) | **주차대수** 5대 | **최고높이** 17.10m | **공법** 기초 – 매트기초 / 지상 – 철근콘크리트 | **지붕재** 평지붕 – 데크재(방부목) | **외벽마감재** 벽돌, 드라이비트 | **창호재** 하이샤시 | **설계** OBBA(이소정 & 곽상준) | **시공** 이인시각 | **총공사비** 6억3천만원

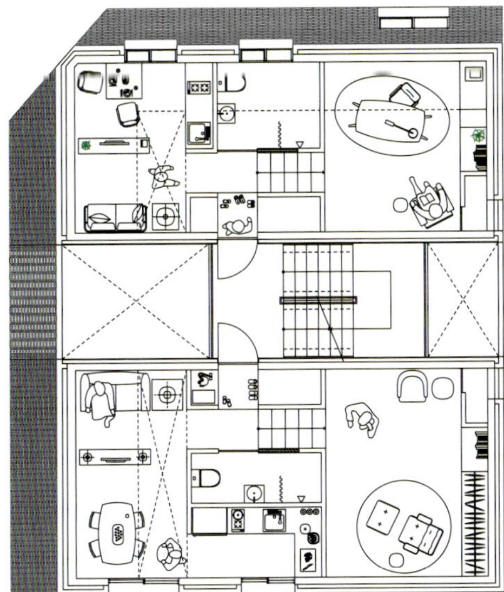

PLAN - 5F

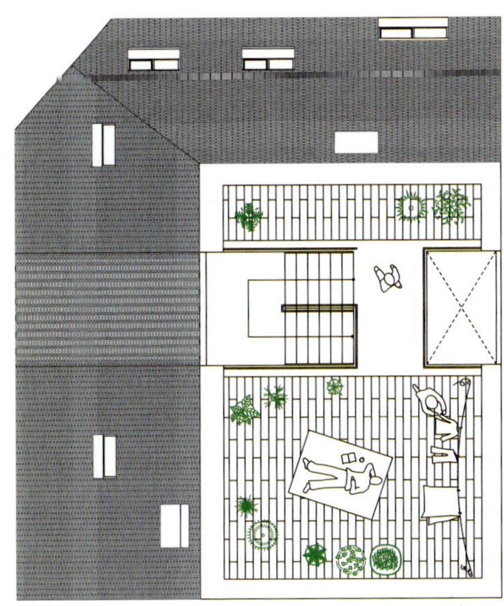

PLAN - ROOF

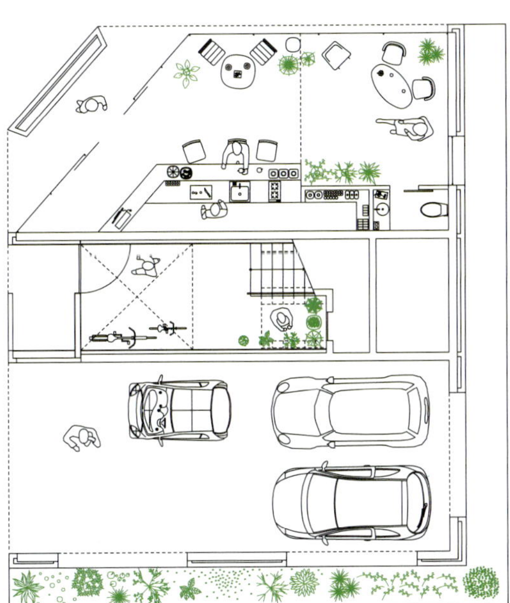

PLAN - 1F

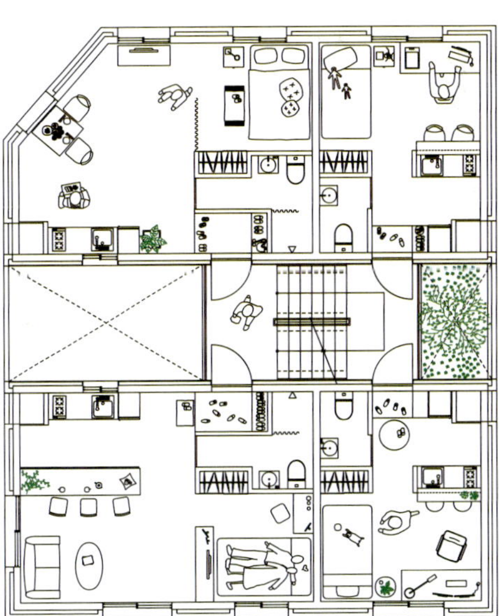

PLAN - 2~4F

INTERIOR SOURCES

내벽 마감 DID 벽지, 수성페인트 | **바닥재** PVC바닥재 | **욕실 및 주방 타일** 자기질 타일 | **수전 등 욕실기기** 동서산업 | **주방 가구** 하이그로시 제작 | **계단재** 미송집성목 | **현관문** 제작 | **방문** ABS도어 | **붙박이장** 하이그로시 제작 | **데크재** 방부목

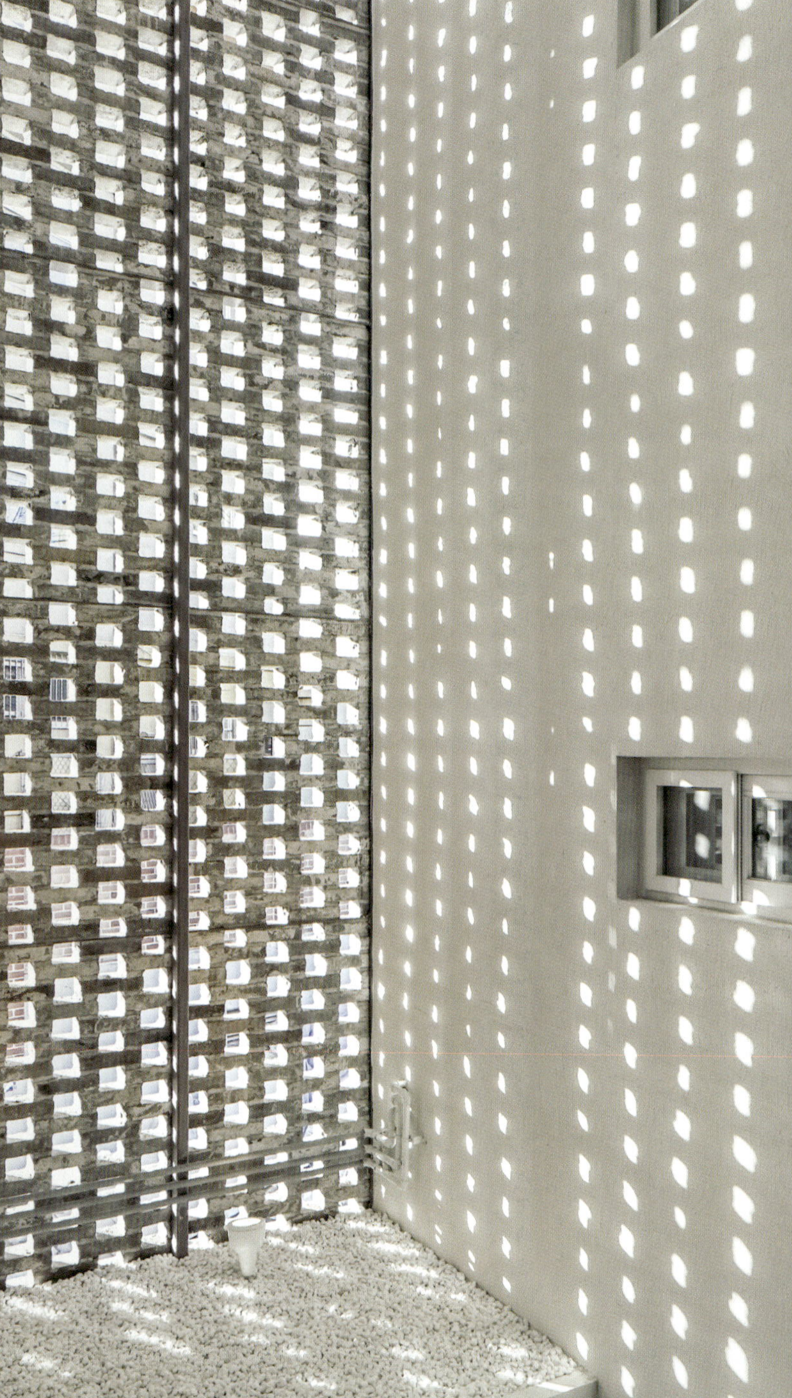

H-HOUSE

—

현덕재(玄德齋) + Boutique Hair Salon 'Miega'

현덕재(玄德齋)

성북동의 이태준길에 위치한 현덕재의 대지는 남북으로 폭이 좁고 동서로 긴 형상을 하고 도시계획법상의 법규적 제한요소(제1종 일반주거지역, 자연경관지구, 건폐율 30% 이하, 규모 3층 이하) 및 건축법상 정북방향 사선제한과 전면도로, 후면도로의 레벨 차가 8m 이상인 물리적 특성을 가진다.

한 층의 넓이가 20여 평 내외인 좁은 면적에서 건축주의 요구사항을 만족하게 하면서 3대가 함께 살 수 있는 충분한 환경을 계획해야 했다. 계단실은 북측 외기에 면하는 측면에 두고, 1층의 복도를 마주하고 있는 외부공간(중정)을 중심으로 공간을 동·서측으로 분리하여 대지의 조건에 부합하는 긴 장방형의 매스 조합을 형성하였다. 이를 통해 건축물은 대지 동·서측 도로 간 8m의 레벨 차를 적극적으로 수용하여 전·후면 진입 동선의 연계를 위한 매개체가 된다. 중정은 접이식 문의 열림과 닫힘을 통해 공간적 전이를 일으킨다. 경계를 없애고 내·외부 공간을 통합적으로 확장하며 정원으로의 순환적 동선체계를 만든다. 세장해진 건축물은 외부 경관과 내부로의 빛의 유입, 조망 및 통풍 조건 등이 유리해지며 계단실의 독립성을 확보함과 동시에 좁은 면적에서 공간의 효율적인 활용을 가능하게 한다.

이 집은 3代가 같이 사는 집으로 개개인의 연령대와 생활유형이 다르므로 개인 생활은 보호하면서 온 가족이 모였을 때 함께 있으면서 독자적인 행위를 하는 것이 중요하다. 거실과 식당이 배치된 2층은 매개공간 또는 사이공간으로서 가족 구성원들이 서로 모여 커뮤니티를 형성하거나 필요와 상황에 따라 독립적인 행동 유형 선택이 가능한 공간이다. 다양한 레벨들로 구성된 심리적 경계와 3층 슬래브를 지지하는 내력구조 벽체인 물리적 경계 사이의 모호성을 가진 거실은 가변적이고 다양한 이벤트들이 일어난다. 이를 가능하게 하기 위해 레벨이 다른 거실들을 가로지르는 내력구조벽체의 일부를 개방하여 자유로운 순환체계를 갖는 동선을 계획하였으며 공간 속에서 끊임없이 움직임이 일어나도록 했다.

중정과 침실의 움직이는 벽면과 접이식 유리창은 제한된 면적 안에서 3代의 다양한 삶의 요구를 충족하기 위하여 공간의 전용과 확장·공유를 위한 건축적 장치이다. 이는 기능적으로 부여된 공간 간의 경계성을 모호하게 하여 경계의 개방도를 조절하고 가변적 프로그램들을 수용한다.

2층 거실의 동측에 면한 접이식 유리창, 중정에 면해 있는 미닫이창과 목재 루버(Louver) 간의 서로 다른 재료의 겹침은 시간과 계절에 따라 공간의 경계 맞은편을 다양하게 인지하도록 해주며 콘크리트 벽체의 차갑고 무거운 물리적 물질감을 제거하여 보다 부드러운 균형감을 만든다. 그것들은 나란히 연결하는 순간, 빛을 잘게 받아들여 문양을 만들고 다양한 그림자의 밀도와 풍경을 만들어 낸다. 자연과 건축이 관계를 맺게 하는 훌륭한 장치로써 규모가 웅장하거나 압도적이지 않아도 빛의 효과와 소재의 표현 방법에 의해 충분히 다양하고 풍부한 표정이 있는 감성적인 내·외부 풍경과 빛에 의해 조직화(구체화)되는 공간 연출을 생성할 수 있다.

규모가 크지 않은 주택이기 때문에 물성을 최대한 드러내지 않으며 진실되고 순수성이 있는 재료인 노출콘크리트를 사용했다. 그리고 건축물이 존재하는 장소와 자연스러운 관계를 맺으며 위압적이고, 무거워 보이지 않도록 재료의 단일한 물성 표현을 배제하고 노출콘크리트의 서로 다른 재질감 표현 방식을 혼용하여 입면과 형태 요소 간의 균형과 조화를 이루도록 했다. 거푸집의 송판 문양의 폭을 세장하고 비규칙적으로 패턴화시켜 작은 단위로 형성된 집합체로 보이도록 재질감을 표현하였다.

Boutique Hair Salon 'Miega'

주택의 지하층에는 상업 공간이 위치한다. 지하층이지만 대지의 고저 차에 의해 전면부가 도로에서 바로 이어지고, 건축물의 선큰 가든에 접해 있어 빛의 유입이나 환기 등이 좋아 밝고 쾌적하다. 여기에 들어오게 될 헤어살롱 'Miega'는 설계 단계에서 공간의 연출과 디자인, programming, space developing에서 소품의 새현 능 보는 부문의 통섭적 creative directing을 시도했다. 기존의 대형화되고 체인화된 헤어살롱에서 벗어나 고객들의 내 집이나 방 같은 사적 영역에서 느끼는 편안함을 느낄 수 있도록 공간을 디자인했다. 'Miega'의 가장 큰 특징은 동네 만들기가 여러 사람이 함께하는 일이며, 동네가 공동체의 구체적 표현이라는 것을 실현하고 있다는 것이다.

'Miega'의 전면 접이식 창은 항시 개방될 수 있고, 'Miega'에서 처음 대면하게 되는 공간은 일반적인 안내가 아닌 릴랙싱이다. 동네 주민 모두에게 열려 있고 누구나 와서 즐길 수 있는, 어쩌면 'Miega'는 '동네 within 동네' 혹은 '동네 속의 작은 community'의 시작을 알리는 첫걸음일 수도 있다.

—

방바이민 글   윤준환 사진

HOUSE PLAN

대지위치 서울시 성북구 성북동 | **대지면적** 284㎡(86.06평) | **건물규모** 지하 1층, 지상 3층 | **건축면적** 85.08㎡(25.378평)| **연면적** 403.56㎡ | **건폐율** 29.96%(법정 30%) | **용적률** 75.11%(법정 90%) | **주차대수** 3대 | **최고높이** 10.95m | **구조** 철근콘크리트 | **지붕재** 옥상녹화 | **외벽마감재** 노출콘크리트, 지정 목재 위 오일스테인, 로이복층유리 | **내벽마감재** 석고보드 2겹 위 백색 수성페인트, 지정 모자이크타일 | **바닥재** 원목마루, 지정 자기질타일 | **천장마감** 석고보드 2겹 위 백색 수성페인트 | **설계** 오세민 / 방바이민이머징 디자인 그룹 | **시공** ㈜위드건설

MULTI-FAMILY HOUSE

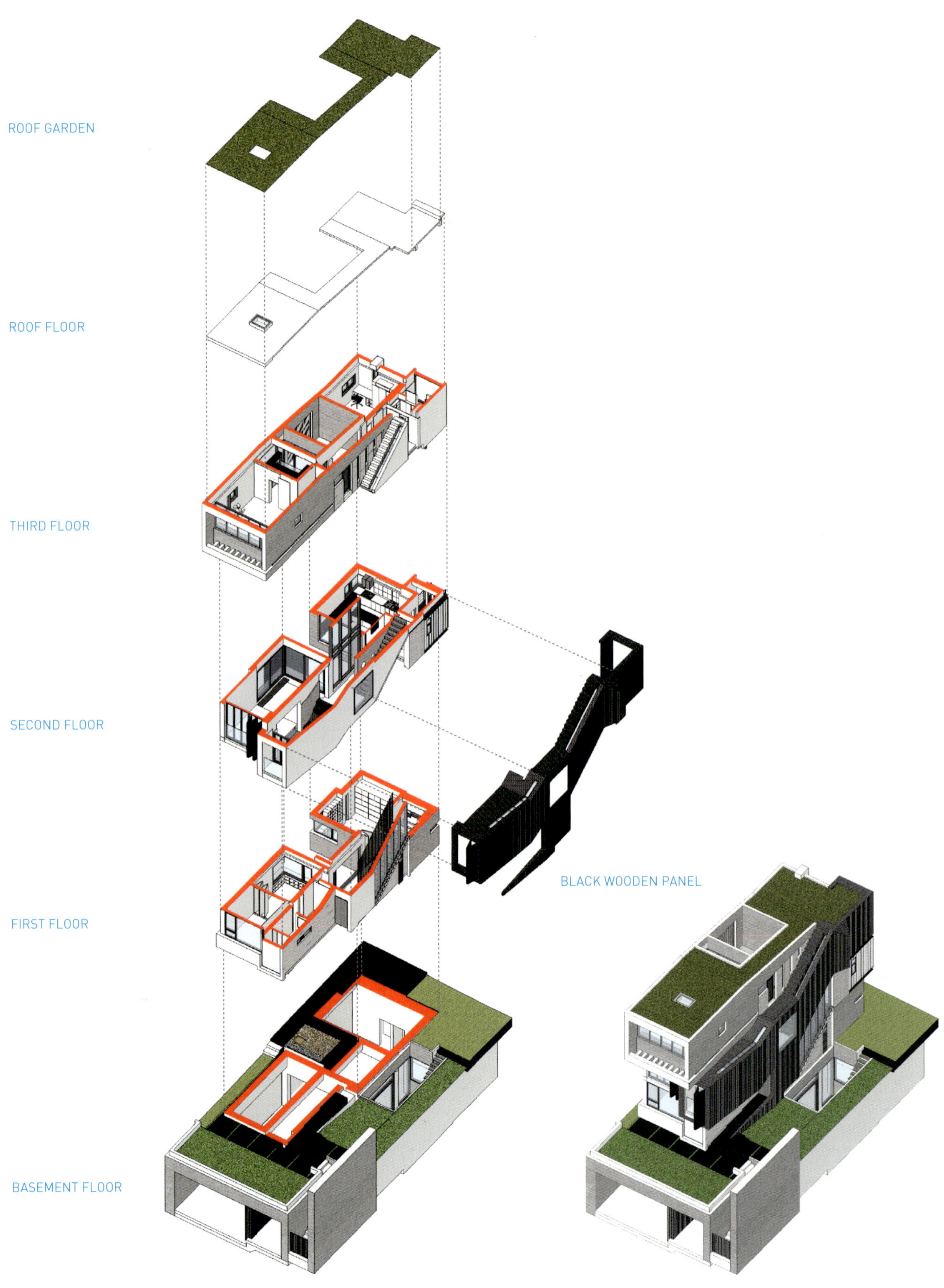

ROOF GARDEN
ROOF FLOOR
THIRD FLOOR
SECOND FLOOR
BLACK WOODEN PANEL
FIRST FLOOR
BASEMENT FLOOR

SECTION

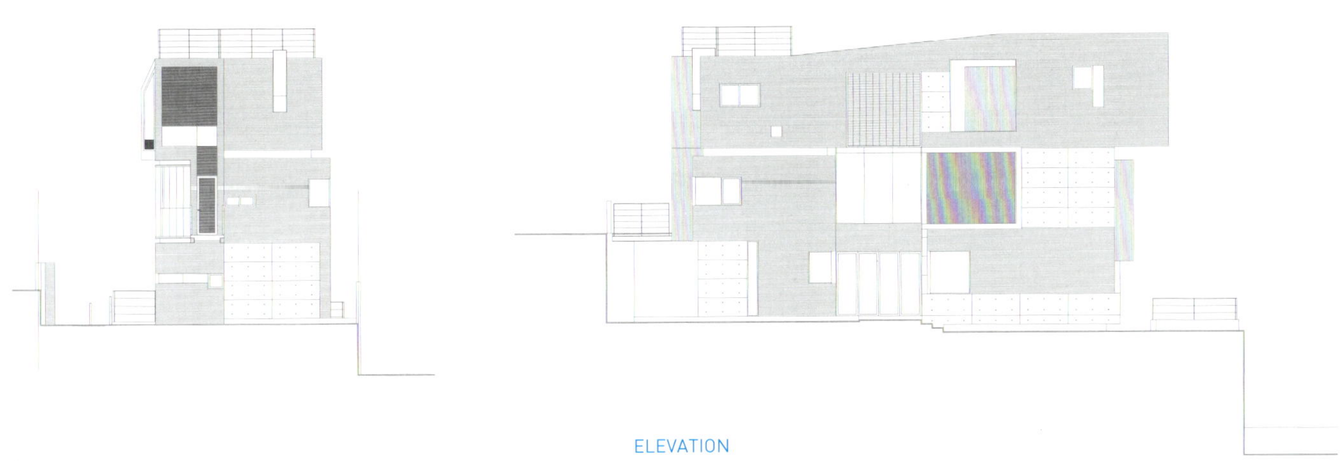

ELEVATION

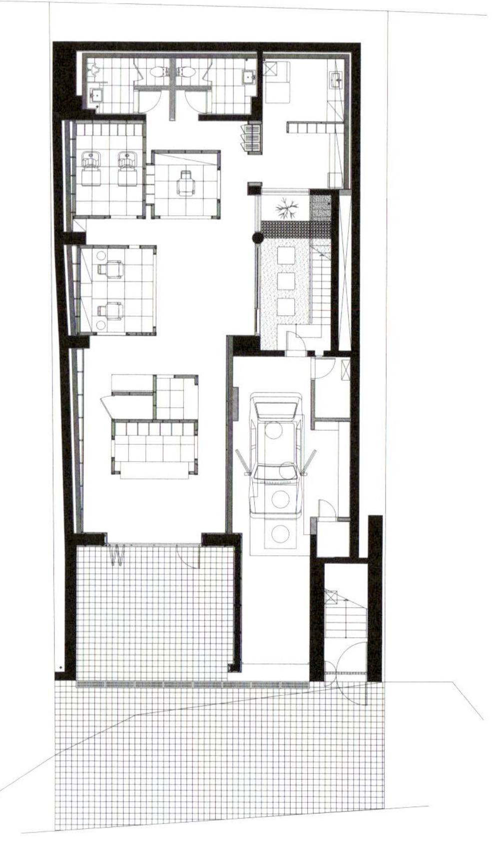

PLAN - B1F

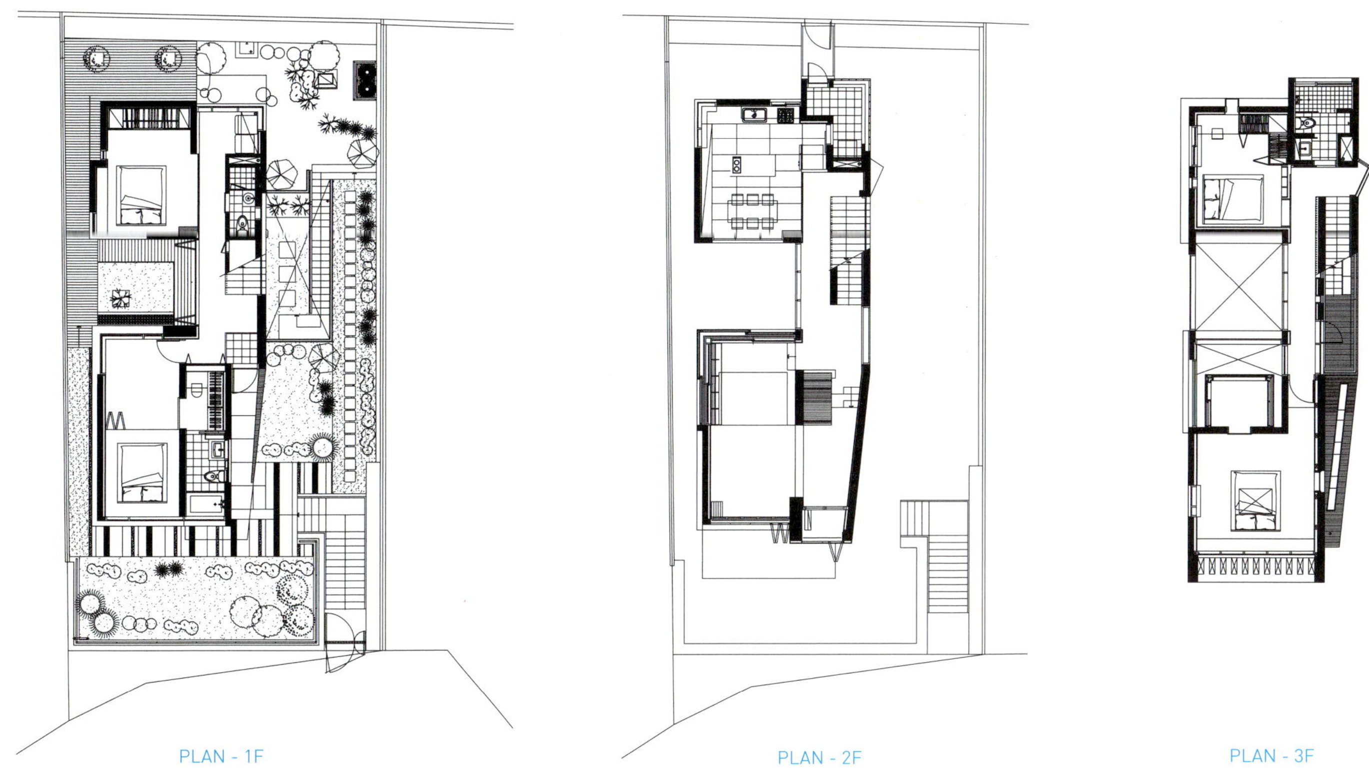

PLAN - 1F

PLAN - 2F

PLAN - 3F

HAIR SALON PLAN

위치 서울시 성북구 성북동 297-1 | **면적** 124.81㎡(37.82평) | **용도** 부띠크헤어살롱 | **바닥재** 폴리싱 타일, 투명 에폭시 |
내벽마감재 낙송합판 위 오일스테인, 석고보드 2겹 위 백색 친환경 수성페인트 | **천장마감재** 석고보드 2겹 위 백색 친환경 수
성페인트 | **설계** 오세민 / 방바이민이머징 디자인 그룹 | **설계담당** 곽창욱, 유현덕 / 방바이민이머징 디자인 그룹 | **시공** 한
성아이디

CORNER HOUSE

—

모서리집

대구 북구 복현동에 위치한 상가주택 '모서리집'은 경북대학교 동쪽 도로 너머의 44평 남짓의 모서리 땅에 위치한다. 대지 주변은 학교 근처에서 거주하는 학생들을 위한 원룸촌과 식당들로 형성되어 있다.

모든 프로젝트의 대지가 그러하겠지만, 작은 땅일수록 내·외부 구분 없이 알토란같이 사용하여야 한다. 게다가, 하나의 공간이 두 가지 이상의 기능을 한다면 더욱 좋을 것이다.

먼저 법적 제한인 정북일조권으로 인해 북동쪽 인접 대지 경계선에서 필연적으로 이격되어 외부화되는 공간에 부설주차장(2대)을 설치하였다. 그 외의 외부공간은 1층에 입점하게 될 음식점의 테라스 공간으로 구성하였다. 대지 면적이 200㎡가 넘지 않으므로 조경은 따로 설치하지 않았다.

대지 내 폭이 가장 넓은 남동쪽 모서리 쪽에서 시작하여 폭이 좁은 북서쪽방향으로 합리적인 공간이 구성되는 범위 안에서 건폐율(58.36%)을 확보하였다. 폭이 좁아서 효율성이 떨어지는 코너 부분에 계단실 주출입구를 구성하여 직선계단으로 처리하였다. 계단실은 좁은 폭과 높은 천장고로 색다른 공간감을 느끼게 되며, 계단의 하부공간은 화장실과 창고로 활용하였다.

층별 프로그램은 1, 2층은 근린생활시설, 3, 4층은 단독주택으로 구성되어 있다. 1층 외부는 건물의 크기(비례)와 편안한 접근성을 유도하기 위해 진회색의 전벽돌로 마감하였으며, 2~4층은 스터코플렉스(외단열공법)으로 마감하였다. 특히, 주거 부분인 3, 4층은 외단열공법으로 마감한 후 사각 모양으로 타공한 접이식 아연도강판을 설치하였다.

상가주택이라는 용도의 특성상, 유동인구가 빈번한 곳에 위치하게 되므로 그에 따라 도시 소음 역시 주택가보다 높다. 또한, 주거부분의 프라이버시 역시 확보하기 쉽지 않다. 그에 따라 주거 부분에 설치되는 외부로 향한 창은 대부분 작은 크기의 검은색 반사유리로 설치되었다.

3, 4층 주거 부분의 외부마감재인 스터코플렉스 위에 설치한 접이식 아연도강판 덕분에 투명한 통창을 설치하여도 프라이버시가 보장되며, 실내에서 외부로 향한 개방감 역시 확보된다. 타공판으로 만들어지는 독특한 외관의 모습은 '모서리집'만의 특별함과 생동감을 부여한다.

—

김건철 글   문정식 사진

HOUSE PLAN

대지위치 대구광역시 북구 복현동 | **대지면적** 145㎡(43.93평) | **건물규모** 지상 4층 | **건축면적** 84.62㎡(25.64평) | **연면적** 279.71㎡(84.76평) | **건폐율** 58.36% | **용적률** 192.90% | **주차대수** 2대 | **최고높이** 11.80m | **구조재** 철근콘크리트 | **지붕재** 콘크리트위 기계미장, 미송데크 위 투명 오일스테인 | **단열재** THK120 비드법보온판 | **외벽마감재** 스터코플렉스, 아연도강판(타공), 전벽돌 치장쌓기 | **창호재** 시스템창호, 알루미늄창호 | **설계** 스마트건축 김건철 | **시공** ㈜세움종합건설 조득환, 김정철 | **총공사비** 3억2천만원

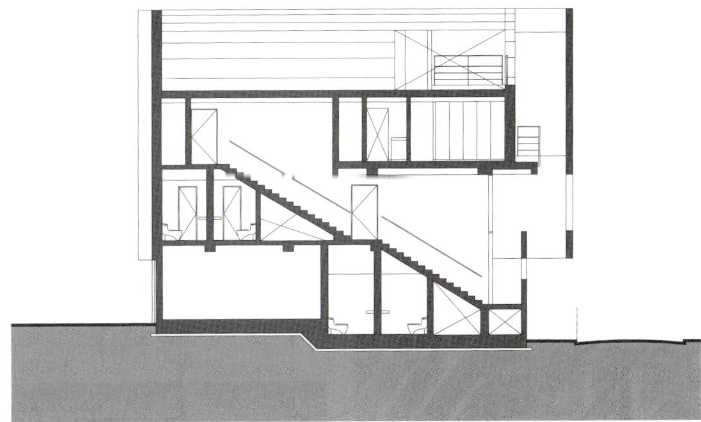

SECTION

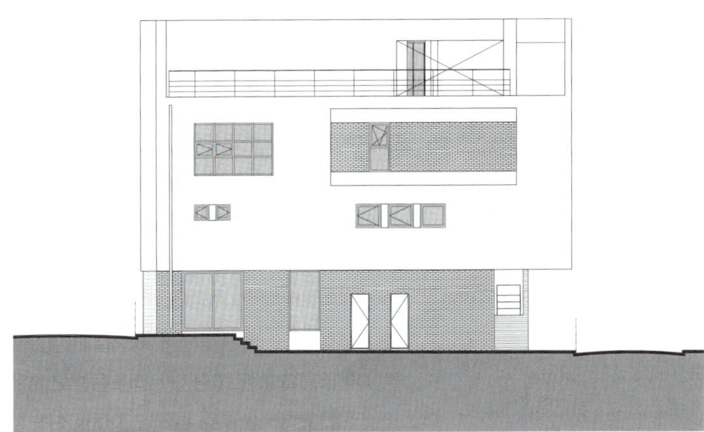

BACK ELEVATION

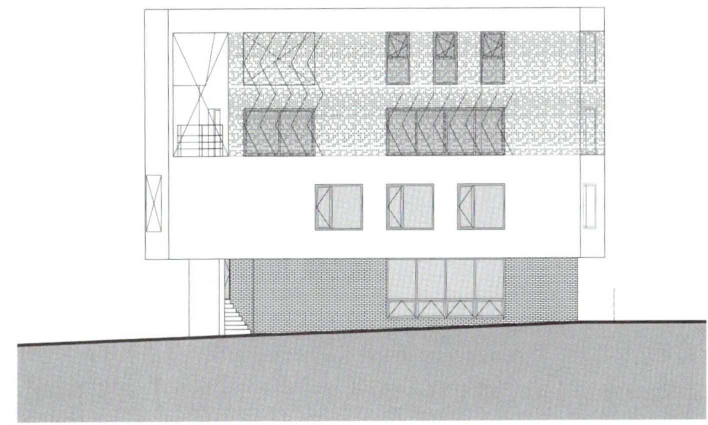

FRONT ELEVATION

INTERIOR SOURCES

내벽 마감 삼화 아이생각 수성페인트, LG 실크벽지 | **바닥재** 한화 강마루(마제스티 월넛) | **욕실 및 주방 타일** 자기질타일 |

수전 등 욕실기기 대림바스 | **계단재** 고흥석, 자작나무합판 | **방문** 백색 ABS도어, 자작나무합판

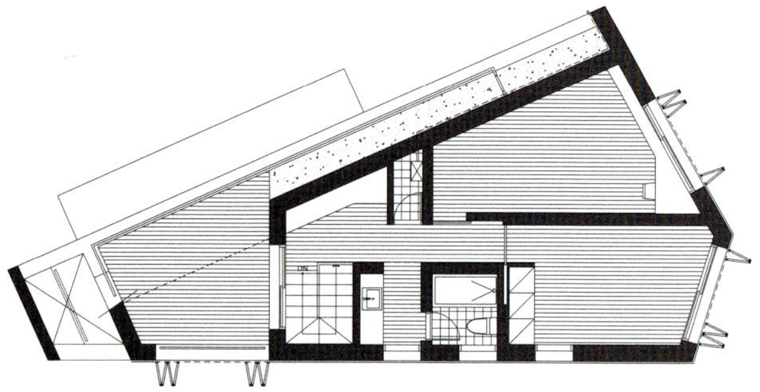

PLAN - 4F

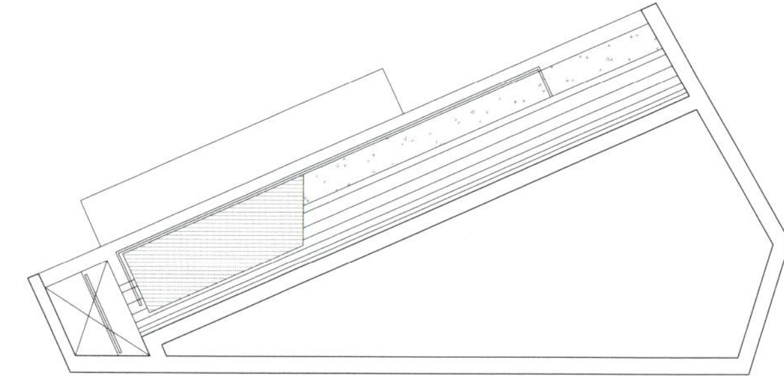

PLAN - ROOF

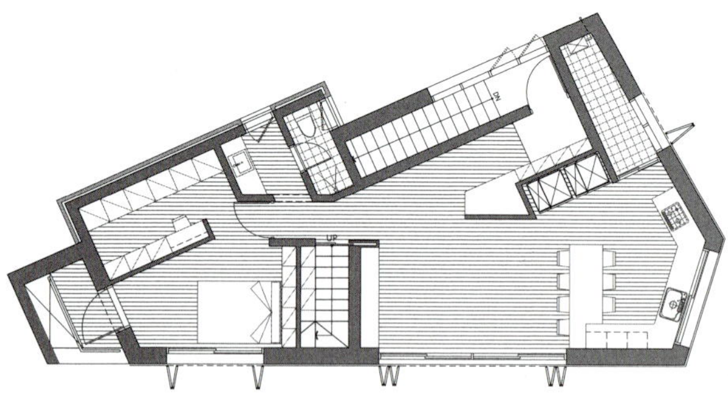

PLAN - 3F

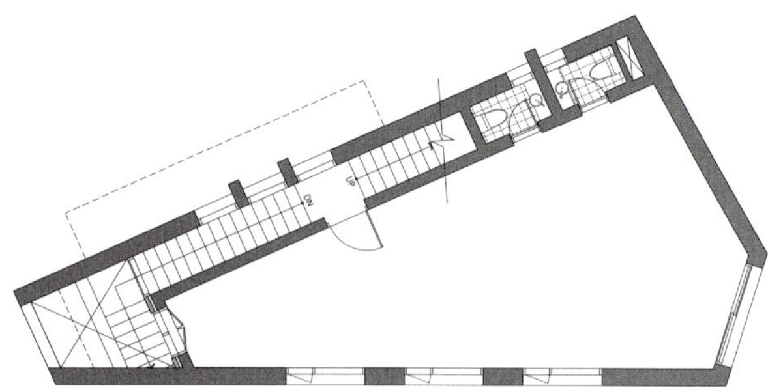

PLAN - 2F

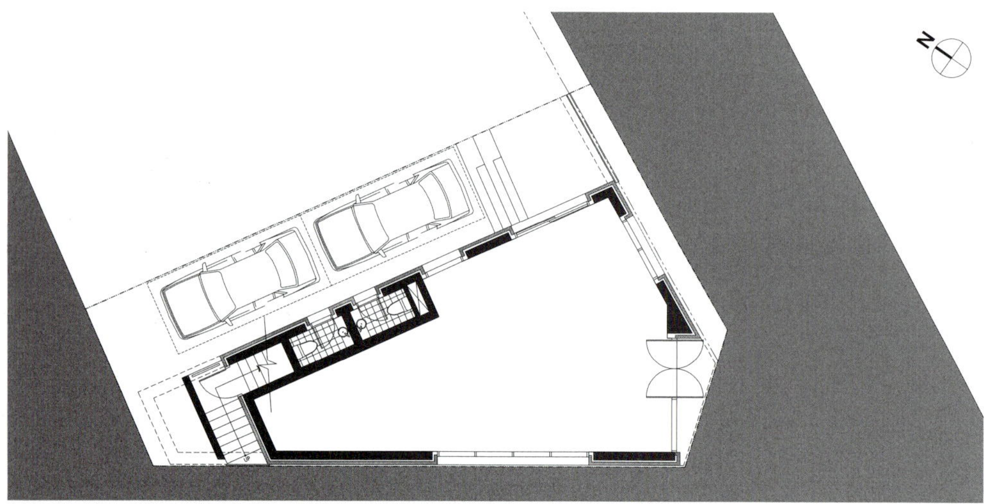

PLAN - 1F

THE RABBIT

—

남가좌동 코하우징

한국에서 아파트를 제외한 공동주택은 대개 단독주택이 다가구 혹은 다세대 주택으로 분화되는 주거문화의 사회사 위에 놓여 있다. 마당이 있는 불란서 집(2층 양옥집), 단독 다가구 주택, 반지하 다세대 주택, 필로티 다세대 주택 등은 원래 단독주택밖에 지을 수 없는 땅에 허락된 모여 살기의 방식이다. 이들은 50평이 채 안 되는 대지 위에 연면적 660㎡ 4층 이하의 규모로 제한되어 있다.

빨간 벽돌집 혹은 기와가 붙은 옥상 파라펫을 가진 변종 다세대 주택들 사이에 아이보리색의 기울어진 벽돌 매스 두 개가 솟아 있다. 이 모양 때문에 집의 이름을 'Rabbit'이라고 지었는데, 아주 작은 단독주택 두 채가 공중에 붙어 있는 느낌이 들기도 한다. 4, 5층의 복층형 주거 두 채가 양옆으로 이어지고, 이는 층층이 한 두세대 정도로 채워지는 기존의 다세대 주택들의 구성방식을 다르게 풀어낸 결과이다.

다닥다닥 근접한 조건에서 길은 길대로, 집은 집대로 단절된 것이 보통인데, Rabbit은 인접한 주택과 마당을 공유하고 대지 안에 새로운 골목길을 만들어 냈다. 같은 건축주가 인접한 대지에 두 채의 임대 주거를 개발했기 때문에 가능한 일이지만, 막다른 도로에 접한 필지의 맹점을 극복하면서 사람들이 오가면서 동네의 새로운 분위기를 만드는 역할을 하고 있다.

The Rabbit의 건축주는 경험적 전시와 문화 기획을 주 사업으로 하는 기업 Glint(글린트)이다. 글린트에서 진행하는 여러 문화기획 중 '새동네' 프로젝트의 두 번째 집으로 이 건물이 기획되었다. '새동네' 프로젝트는 거주 문화의 새로운 유형을 만들어가기 위한 민간 개발사업으로, '민달팽이 유니온'이라는 대학생 주거 연합의 회원들이 장기 임대한 주택이다. 총 네 세대에 12명 정도의 학생이 거주하고 있으며, 주방·화장실·세

탁시설 등을 공유하는 본격적인 공유 주거의 형식은 아니지만 서로 알고 지내는 학생들이 집과 집 사이에 공유할 수 있는 공공의 공간을 찾아내고자 하였다.

2, 3층의 발코니는 1층의 공유 마당을 향해 있고, 4, 5층의 복층 유닛 둘은 옆으로 붙어 있어 5층에 사이 발코니를 가지고 있다. 이 발코니는 옆으로 나란히 놓인 주거 유닛의 가운데를 일조사선의 각도로 벌려 만들어졌다. 5층의 양쪽 거실에서 나와 볼 수 있는 발코니는 거주하는 학생들의 작은 회합의 장소가 될 것이다.

서울의 작은 주거가 가진 공통의 문제이지만, 제한된 면적 안에 새로운 평면과 공간 조직의 논리를 갖게 하는 것은 말처럼 쉽지 않다. The Rabbit의 경우 2, 3층 주거는 전용면적 14.7평에서 9m(발코니 포함) 길이의 거실이 나올 수 있도록 하였는데, 같은 크기의 주택과 비교할 때 훨씬 깊은 공간감을 느끼게 하는 효과를 갖는다. 4, 5층의 경우 4층에서 진입해 5층을 복층으로, 복층 위에 다락까지 3개의 층을 사용할 수 있다. 4층에서 5층으로 올라가는 공용 계단을 내부계단으로 흡수해 전용면적을 더 많이 얻어내고, 높은 공간을 갖게 하였다.

다세대 주택의 재료는 대개 유지관리가 용이한 적벽돌, 시공비가 저렴한 드라이비트 등의 재료로 마감된다. Rabbit의 경우에도 이 조건은 마찬가지였는데, 전체 주거 유닛의 구성상 2, 3층과 4, 5층이 재료가 분리 가능한 조건이었고, 공사비의 균형을 맞추고자 아래는 드라이비트, 위는 보랄 벽돌을 적용하였다.

—

이치훈·강예린 글　신경섭 사진

HOUSE PLAN

대지위치 서울시 서대문구 남가좌동 330-28 | **대지면적** 138.20㎡(41.87평) | **건물규모** 지상 4층(1층 필로티) | **건축면적** 67.69㎡(20.57평) | **연면적** 224.84㎡(68.13평) | **건폐율** 48.98%(50% 이하) | **용적률** 162.55%(250% 이하) | **주차대수** 4대 | **최고높이** 15.67m | **공법** 기초 – 철근콘크리트 / 지상 – 철근콘크리트 | **구조재** 철근콘크리트 | **지붕재** 평지붕 옥상 도막방수 | **단열재** T120 압출법보온판 | **외벽마감재** 보랄 벽돌, 드라이비트 | **창호재** PVC창호 | **설계** 건축사사무소 SOA | **시공** 유비건설 www.ubconst.com | **총공사비** 약 3억9천만원

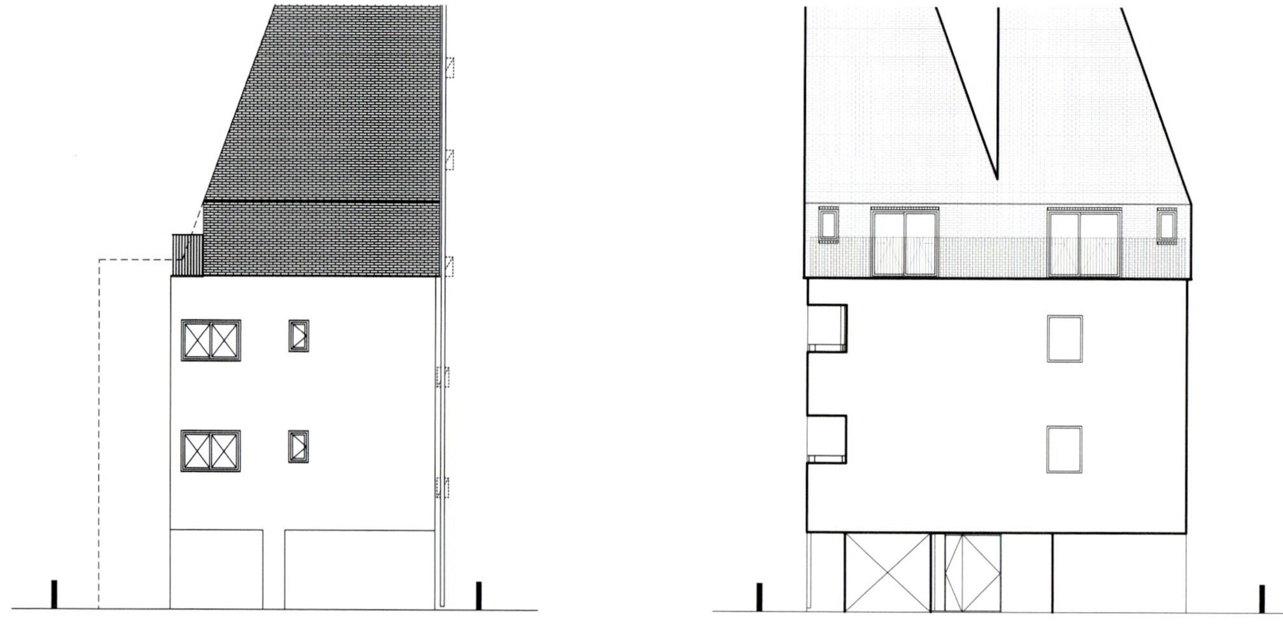

ELEVATION

MULTI-FAMILY HOUSE

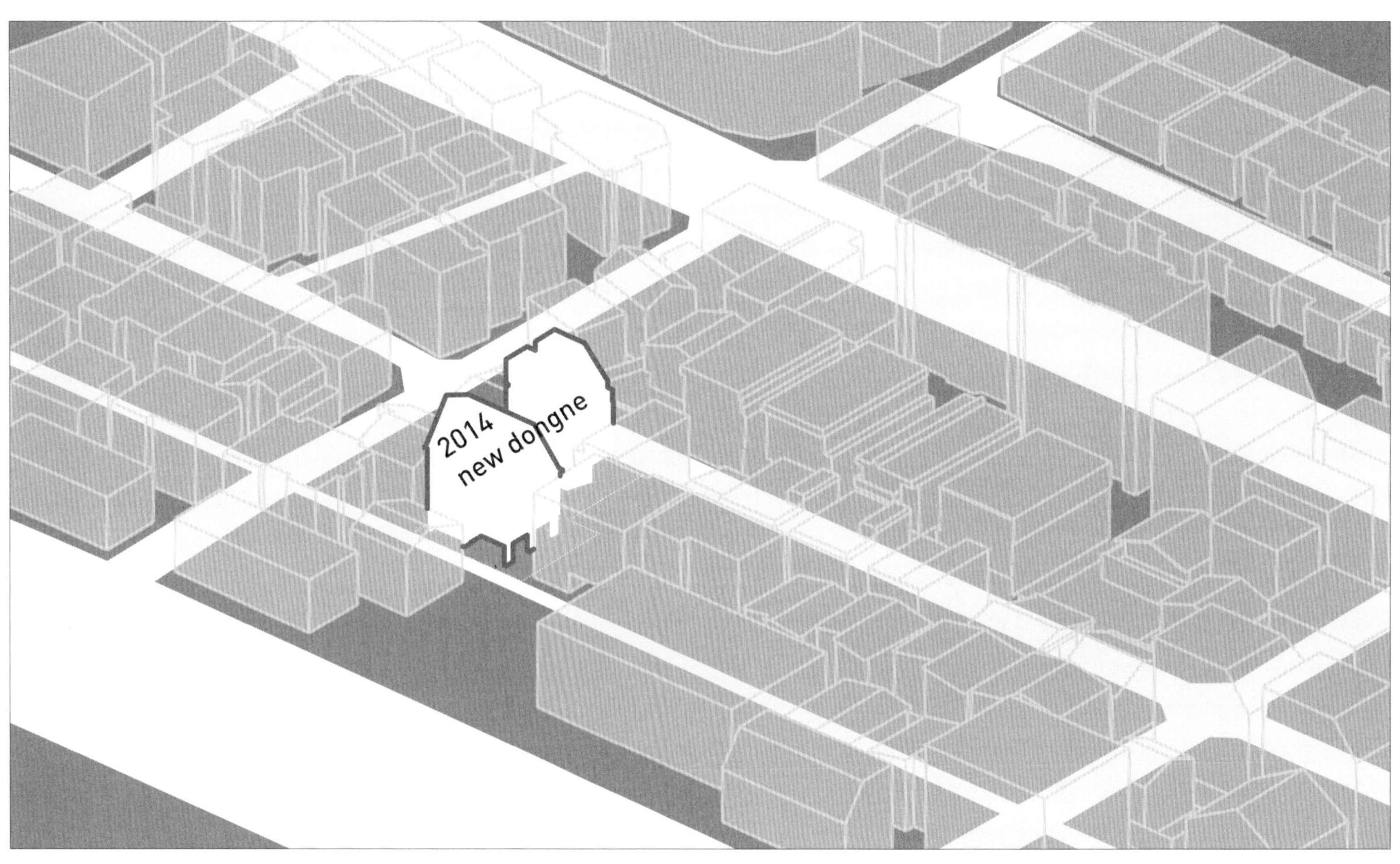
2014
new dongne

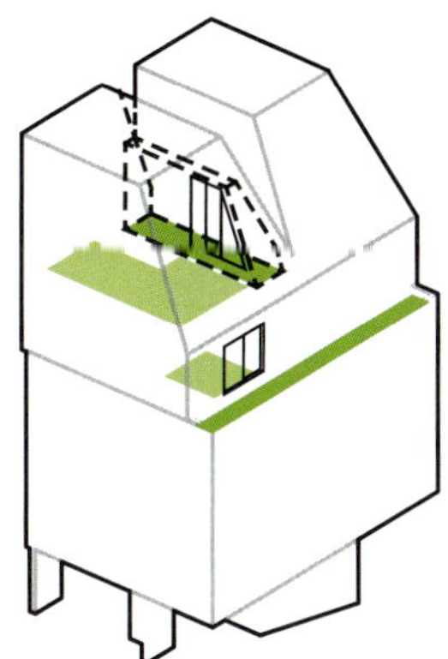

402
In-between Terrace

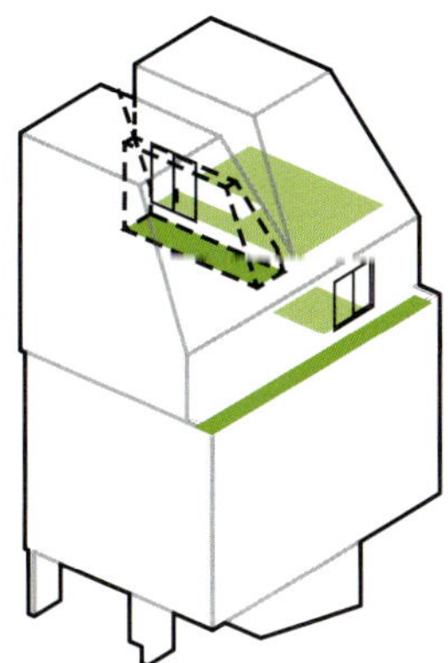

401
In-between Terrace

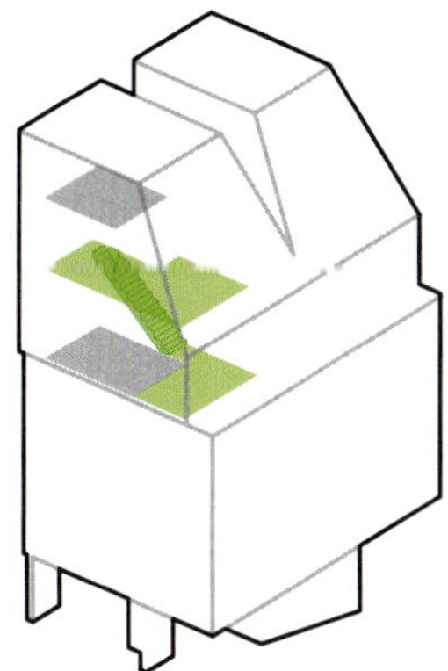

402
Duplex Unit Common Space

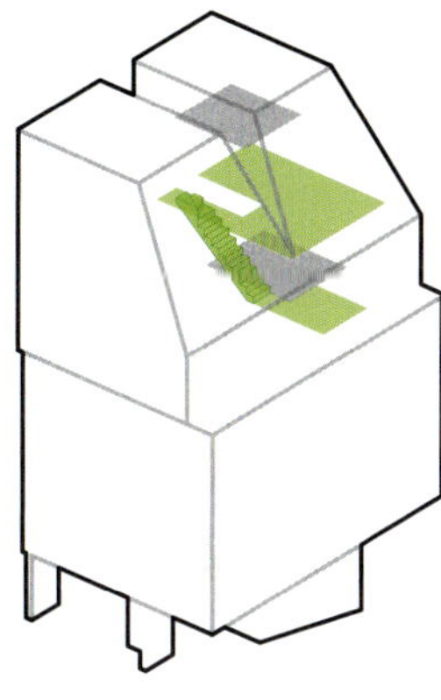

401
Duplex Unit Common Space

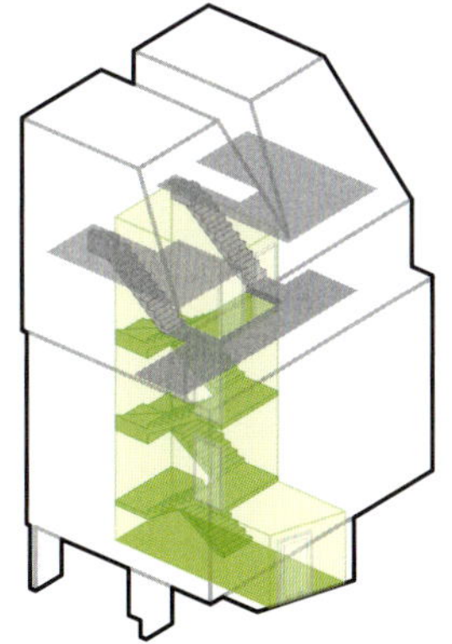

Transition from Public to Private

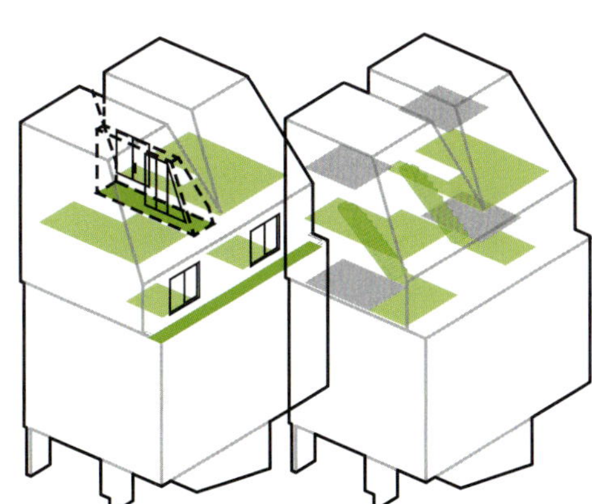

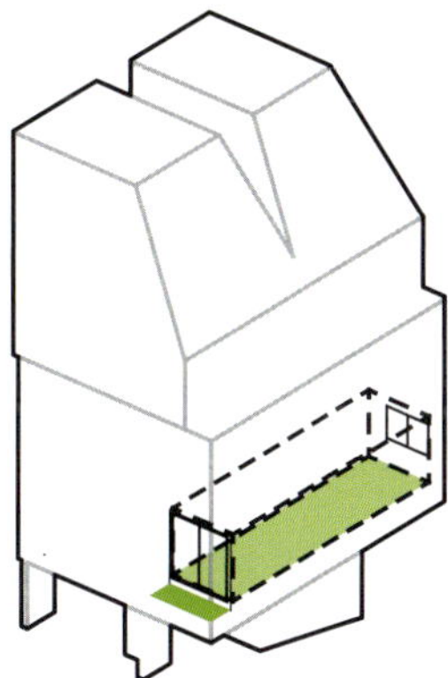

201
Horizontal Studio

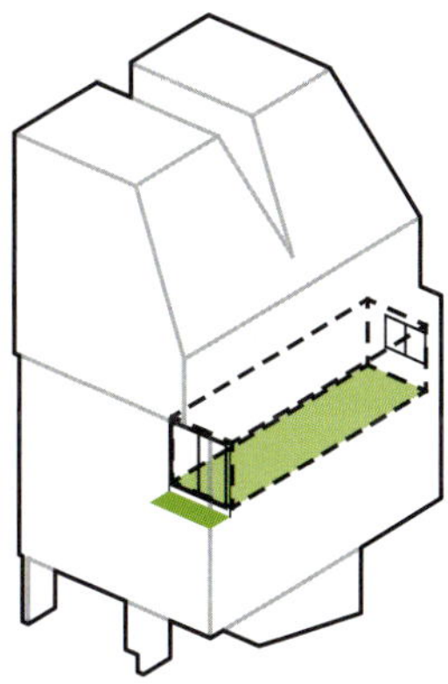

301
Horizontal Studio

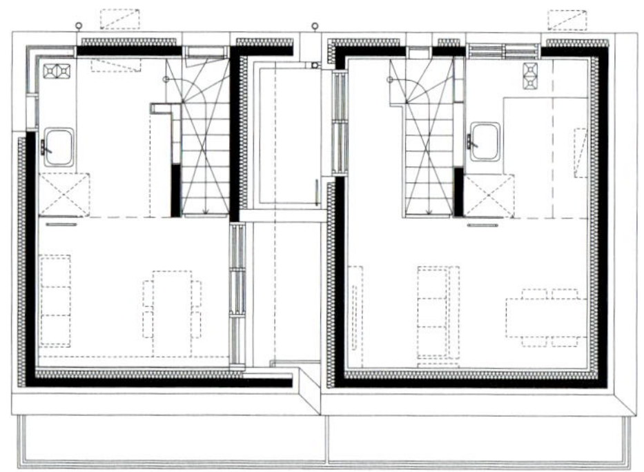

PLAN - 5F

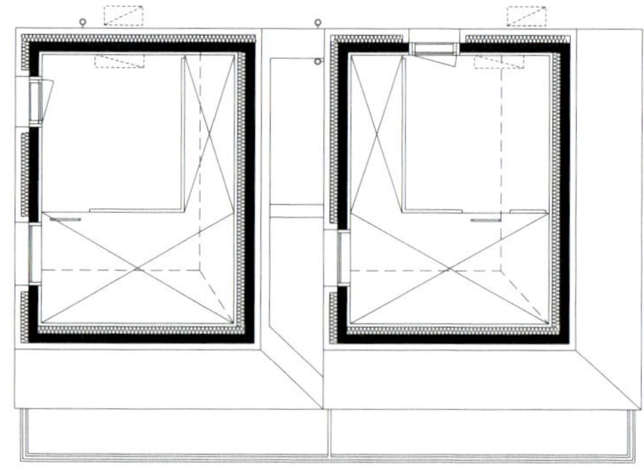

PLAN - 6F

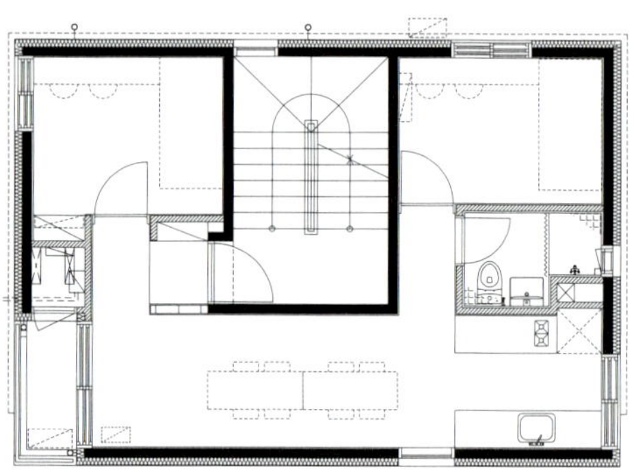

PLAN - 3F

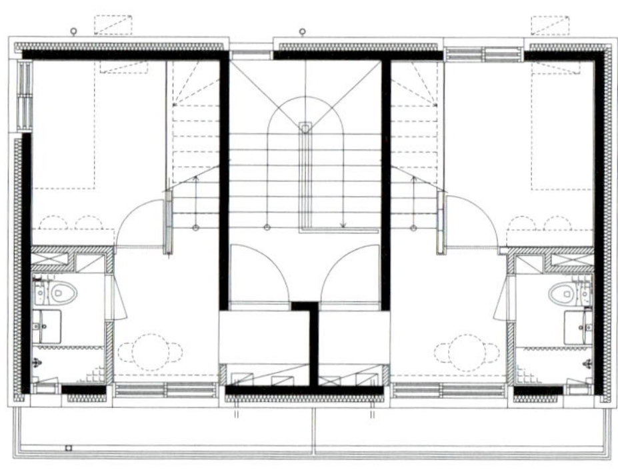

PLAN - 4F

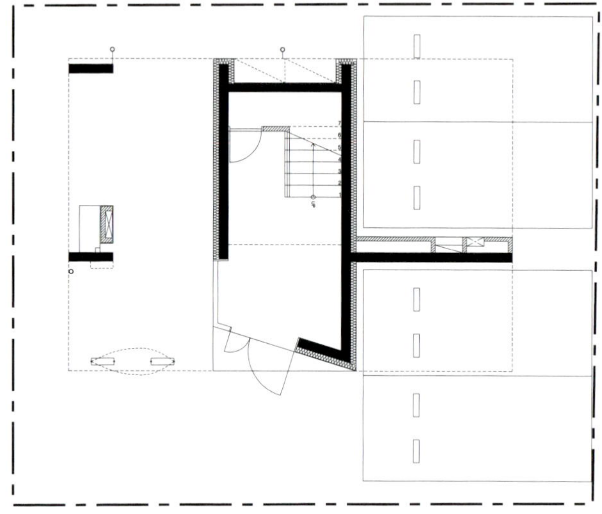

PLAN - 1F

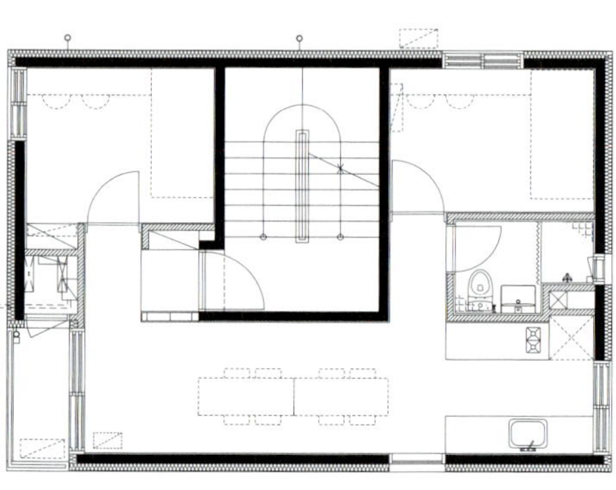

PLAN - 2F

· · · · · · · · · · INTERIOR SOURCES · · · · · · · · · ·

내벽 마감 실크 벽지, 유성 페인트 | **바닥재** KCC 숲옥 장판 | **욕실 및 주방 타일** 자기질 백색 타일 무광 | **수전 등 욕실기기** 아메리칸스탠다드, 쿠세라 용변기 | **주방 가구** 하이그로시 | **조명** T5 | **계단재** 콘크리트 노출 후 에폭시 마감 | **현관문** 방화도어 | **방문** 목문, 호페–138 | **붙박이장** 하이그로시

SADANG-DONG HOUSE

—

사당동 다세대 주택

사당동은 서울의 대중교통 중심지로, 경기도를 비롯한 서울 각 지역으로 출퇴근하는 직장인이나 학생들의 거주가 많은 지역이다. 그래서 상대적으로 단독주택과 다가구 주택이 밀집되어 있다. 하지만 과밀지역의 고질병인 불법 증축과 개축으로 인하여 도시미관과 주거환경의 질이 점점 나빠지고 있다. 이러한 지역에서 생활해 온 건축주는, 오래된 기존 주택의 노후화로 인해 기존의 단독주택을 허물고 다세대 주택을 신축하여 안정적인 임대사업을 하고자 설계를 의뢰하였다.

건축주의 요구조건은 가능한 많은 세대수를 통해 임대 수익을 확보하는 동시에 젊은 직장인들이나 학생들의 감각적인 눈높이를 고려한 특색 있는 건물을 만드는 것이었다. 좋은 디자인은 사람들의 주목을 받게 되고 그것은 곧 임대세대의 공실률을 낮추는 방법이라는 것을 아는 건축주였다. 현실적으로 다세대 주택은 임대 및 분양을 주목적으로 지어지는 건물이다. 그래서 가장 중요하게 고려되어야 할 사항은 적정한 규모의 세대를 최대한 많이 확보하는 것이다. 그것은 곧 높은 임대 수익으로 직결된다. 그러나 기존의 많은 다세대 주택이 그러하듯 수익성만을 강조한 특색 없는 건물들은 결국 거주자의 주거만족도를 떨어트리게 되고 몇 년 지나지 않아 경쟁력을 잃고 만다. 그리하여 수익성과 좋은 디자인, 이 두 가지 요소를 주안점으로 두고 설계에 대한 고민을 시작했다.

대지면적 약 52평, 건폐율이 50%(1개 층 바닥면적을 최대 26평까지 지을 수 있는 면적)인 대지에 1층에는 근린생활시설과 다세대를 위한 주차장을 배치하였고, 2~5층에는 임대세대(7세대)와 주인세대(1세대) 총 8세대를 확보하여 상대적으로 좁은 대지 내에서 최대한의 수익성을 낼 수 있도록 계획하였다. 하지만 최대한 많은 세대를 구성하더라도 그 지역의 주거형태와 맞지 않는다면 수익성을 위한 조건이 무시된 것이라고 볼 수 있다.

경기도나 서울 시내로 출퇴근하는 1인 가구와 사당동의 지역적인 특성을 고려하여 입주자들의 선택 폭이 넓어질 수 있도록 원룸, 투룸을 적절하게 구성하였다. 즉, 같은 평면을 가진 세대수를 늘리는 것이 아니라 수요자의 다양한 생활패턴과 라이프스타일에 맞는 평면을 구성하면서 최대한의 세대수를 확보했다고 할 수 있겠다. 임대수익을 위해서 다양한 평면이 고려되었다면, 좁은 대지에 많은 세대가 밀집해 있는 상황 속에서 공간적인 차별화를 통하여 거주자의 환경을 최대한 높일 방법에 대해 모색했다.

넓지 않은 주거공간에서 개방감을 최대한 확보하기 위해 외부와 면하는 창을 전창으로 설치하였고, 이로써 환기와 채광을 만족시켰다. 디자인적인 요소로는 프라이버시 확보를 위한 외벽과 개방감을 주는 전창이 외부 입면에 그대로 반영되어 내부의 기능이 외부의 디자인 요소로 드러나도록 했다. 또한, 외부를 노출콘크리트로 마감하여 구조적 기능과 미를 동시에 충족시켰다. 기하학적인 패턴과 큐브를 쌓아 놓은 듯한 심플한 형태는 주변의 노후된 단독주택들로부터 이 건물을 더욱 돋보이게 하고, 이 차별성은 거주자로 하여금 집에 대한 만족도를 높게 할 것이다.

공간의 특성을 살린 디자인으로 입주자들의 만족감을 얻었다면, 사선제한 법규를 새로운 가능성으로 재해석하여 건축주의 주거공간에 적극적으로 활용하였다. 사선제한은 건축 법규적인 높이 제한인 동시에 도심에서 외부 테라스를 만들어 낼 가능성이기도 하다. 도로사선과 일조사선에 의해 잘려나간 공간을 외부 테라스로 사용하였고, 도심 내에서 자신만의 외부 공간을 가질 수 있도록 계획하였다.

날씨 좋은 날은 테라스와 면하는 폴딩(folding)도어를 열어 주인세대의 내부가 외부 테라스로 확장되어 개방감을 느끼도록 하였다. 여기에 작은 텃밭을 두어 도심 내에서 자연을 느낄 수 있는 공간으로 활용되도록 했다.

다세대 주택은 건축법상 공동주택이지만 대개의 다세대 주택들은 수익성만을 지나치게 강조한 나머지 많은 세대수의 확보와 적은 공사비로 인해 입주자들의 거주성과 공용 공간 확보에 소홀한 것이 현실이다. 수익성만을 고려한 나머지 공용 공간은 낭비의 공간으로 인식되기 때문이다. 사당동 다세대 주택 또한 공공의 공간에 대한 제안이 미흡했던 것이 아쉬운 부분이다. 공공의 공간이 입주자 간에 교류와 화합의 장소로 사용된다면, 이는 다른 다세대 주택과는 차별화되는 특색과 매력을 가질 수 있고, 이는 지속적인 수익성과 직접적으로 연결될 수 있을 것이다. 결국, 입주자들이 자신의 삶을 공유하면서 주거 환경 전반의 질을 향상시키는 지속적인 만족감과 가치를 가질 수 있는 요소가 될 수 있을 것이다.

—

김철호 글   신경섭 사진

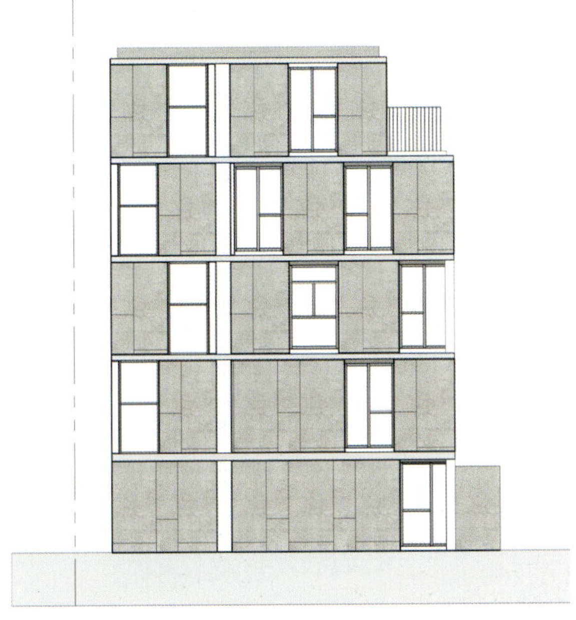

ELEVATION

SECTION

······················ **HOUSE PLAN** ······················

대지위치 서울시 동작구 사당동 | **대지면적** 174.0㎡(52.72평) | **건물규모** 지상 5층 | **건축면적** 83.68㎡(25.35평) | **연면적** 291.10㎡(88.21평) | **건폐율** 48.09%(법정 50%) | **용적률** 167.30%(법정 250%) | **주차대수** 5대 | **최고높이** 13.5m | **공법** 기초 – 온통기초 / 지상 – 철근콘크리트 | **구조재** 철근콘크리트 | **지붕재** 철근콘크리트 | **단열재** 내단열 | **외벽마감재** 노출콘크리트 제물치장 | **창호재** 알루미늄 시스템 창호(KP) | **설계** 스튜디오포마(studio Fo.m.A) 김철호 | **시공** 바른건축 이우 정상화 | **총공사비** 약 4억4천6백만원

채광
외벽재료
외부계획
도로사선
일조사선
사선제한
주차장
주차계획
501
401
303
302
301
203
202
201
세대계획
52py
대지면적
50%
건폐율
5 floors
높이계획

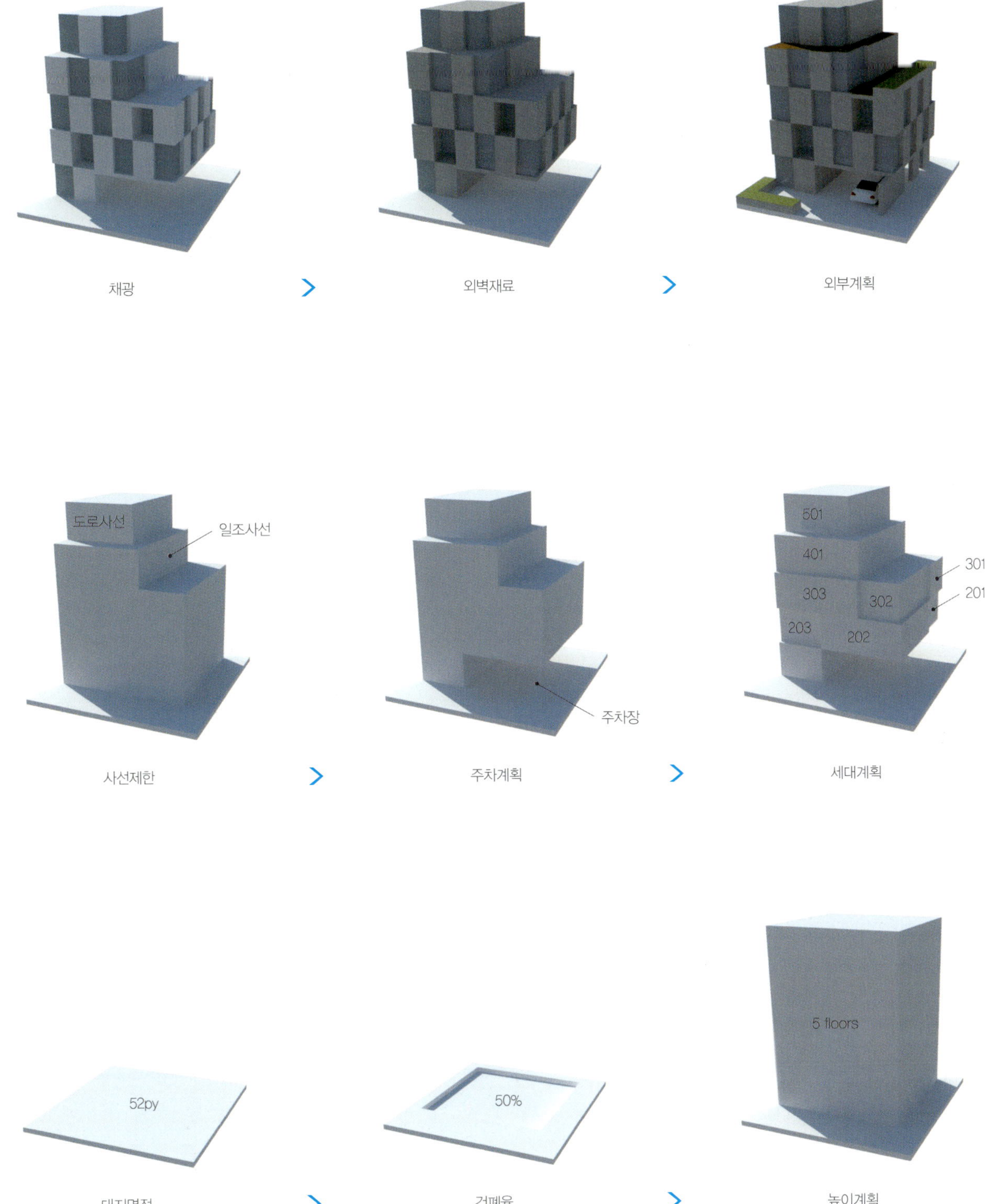

DIAGRAM

SUNJUNG VILL

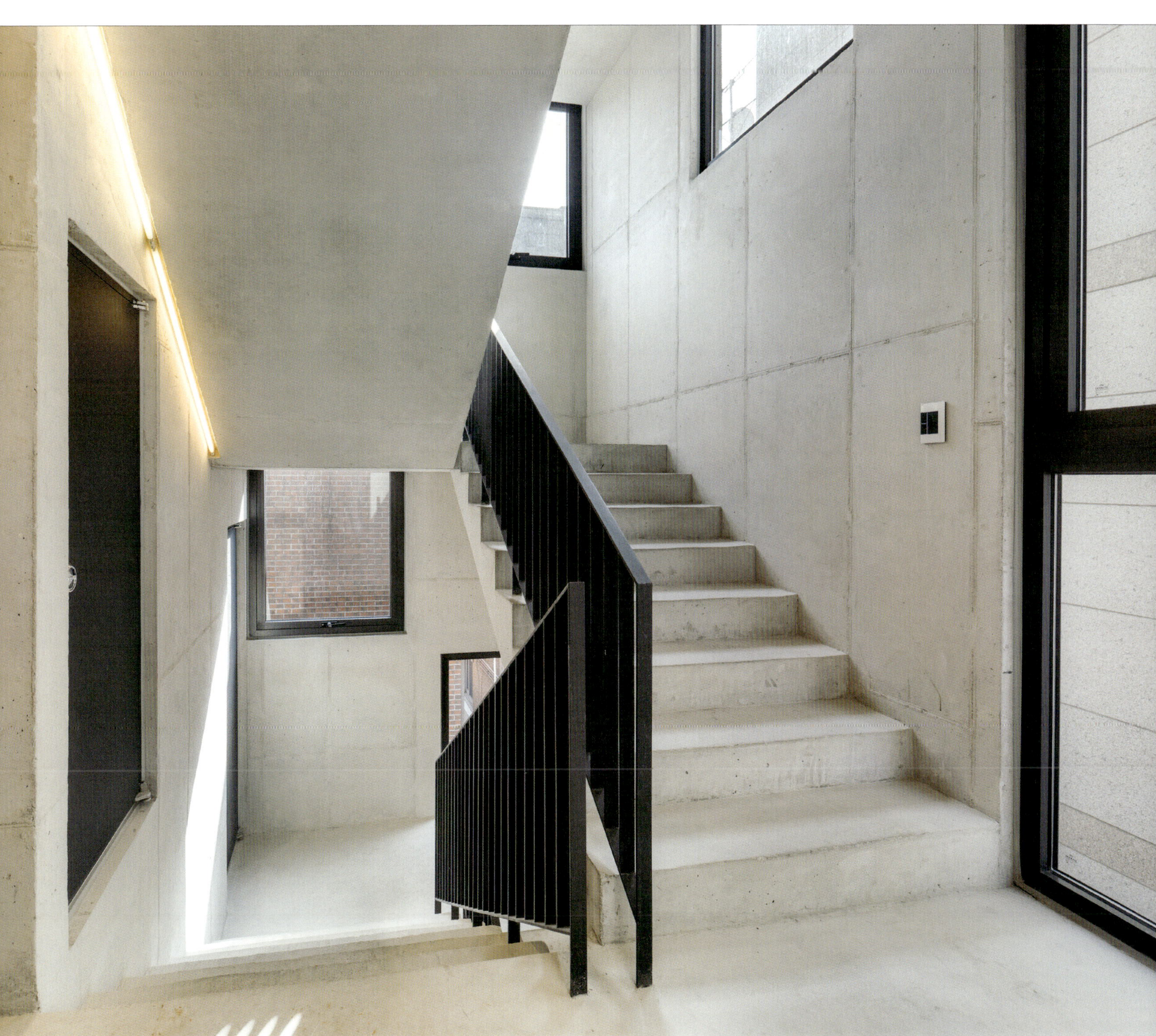

INTERIOR SOURCES

내벽 마감 벽지(muji), 린타일 | **욕실 및 주방 타일** THK9 포세린타일 | **수전 등 욕실기기** 임대세대 – 이누스 / 주인세대 – 아
메리칸스탠다드 | **주방 가구 및 붙박이장** 주문제작 | **조명** T5 | **계단재** 에폭시 마감 | **현관문** 성우스타게이트(SG802) |
데크재 THK20 이페(IPE)

PLAN - 3F

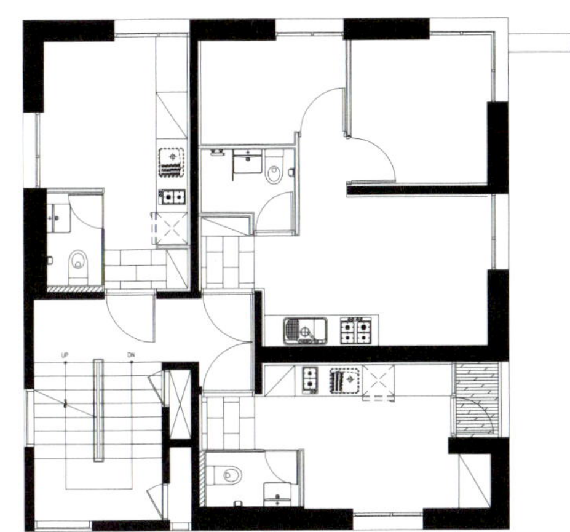

PLAN - 2F

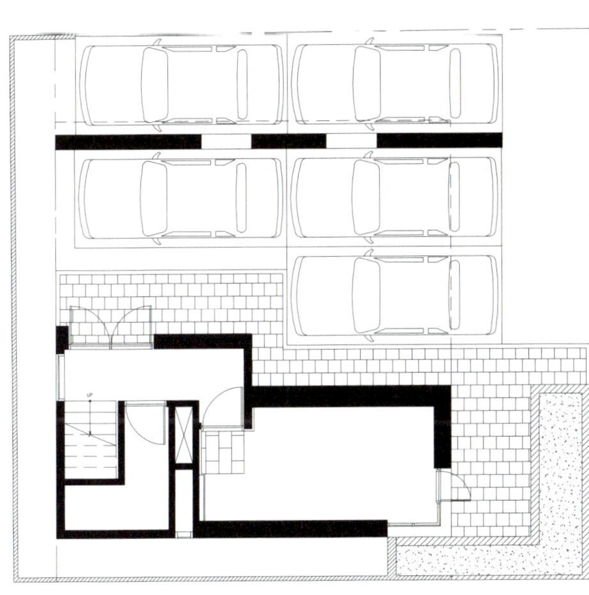

PLAN - 1F

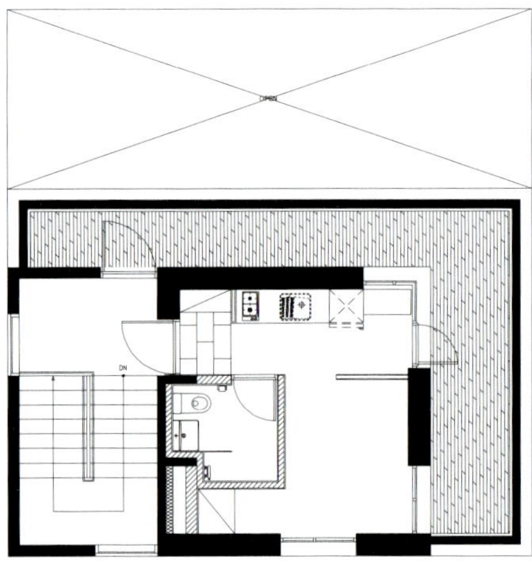

PLAN - 5F

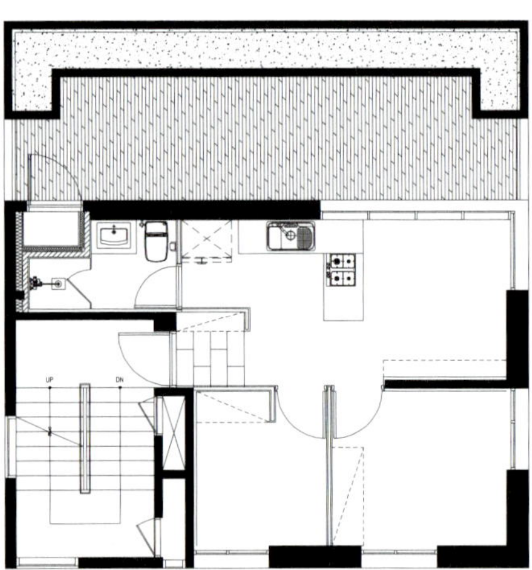

PLAN - 4F

Y terrace

—

영통 다가구 주택

목표가 뚜렷한 건축주의 의뢰를 받아 진행하는 프로젝트는 대지의 맥락이나 건축물의 기능보다 건축주와의 호흡이 더 중요할 때가 많다. Y terrace의 건축주는 내가 막 완성한 건물을 찾아와 30분 정도 상담을 하고는 이틀 만에 설계를 의뢰하였다. 밑도 끝도 없이 당신과 궁합이 잘 맞을 것 같다는 이유를 대면서 말이다. 건축주와 건축가와 첫눈에 사랑에 빠져 진행되는 로맨스는 설계 진행에서의 갈등, 법규와의 충돌, 그리고 예산과 같은 보다 현실적인 벽에 부딪히게 되면서 급속도로 식기 마련이다. 이 건물의 건축주는 설계 기간부터 건물이 완성되는 순간까지, 전폭적인 지지를 보내주었다. 이러한 측면에서 이 건물의 주인공은 건축가도, 시공사도 아니며 오롯이 중심을 지키며 균형을 잡아준 건축주이다.

설계 초기 단계부터 도시 풍경과 맥락보다는 현실적인 문제를 풀어내는 데 중점을 두었다. 해당 대지를 처음 방문했던 2012년의 광교 신도시는 지금과는 사뭇 다른 모습이었다. 개천 너머로 우뚝 솟은 아파트 단지, 황량한 평야, 그리고 간혹 오가는 공사 차량으로 전형적인 신도시 택지 지구의 초기 개발 단계의 모습이었다. 여기서 도시 풍경과 주변 맥락을 읽어내어 설계에 반영한다는 것은 무의미했다.

건축가에게 가장 어려운 요구는 '당신 마음대로 작품을 남겨 보세요'가 아닐까. 설계란 모름지기 건축주의 필요사항과 취향에 맞추어 밀고 당기기를 하면서 나오는 결과물이 가장 아름답기 마련이다. 엄청난 자유와 책임을 맡게 된 나는 초기 단계에서 많은 착오를 범하게 된다. 마치 투 아웃 만루에 타석에 오른 4번 타자처럼, '큰 거 한방'을 보여줘야 한 무리한 생각을 많이 한 탓이다. 과격한 형태, 튀는 재료, 제각각 평면이 다른 세대의 자유분방함이 점철되면서 무리한 계획안이 완성되었다. 다행히도 이 안은 건축 심의를 받으면서 많은 지적을 받게 되고, 많은 변경을 수반하게 되었다. 그 무렵, 건축주는 심의를 거치면서 변경된 설계안을 탐탁지 않아 하였고 당신의 개인적인 사정으로 이 프로젝트를 1년 정도 연기하겠다는 통보를 하였다. 이런 경우 통상적으로 '아 이 건은 엎어졌구나' 하는 것이 일반적이다. 나 역시 모든 아쉬움과 미련을 뒤로 한 채 일상으로 돌아가게 되었다.

그렇게 정확하게 1년 후, 이 프로젝트는 다시 궤도에 오르게 되었고 나는 심의 통과안을 과감하게 버리고 완전히 새로운 계획을 하기에 이르렀다. 1년의 시간은 나의 어깨에 힘을 빼게 만들었으며, 새로운 시각으로 프로젝트를 대하게 했다.

가장 큰 고민은 남북으로 긴 대지에 각각의 가구들을 위계 없이 배치하는 것이었다. 효율적인 평면을 구성하려면 중앙에 코어가 위치하고 남북으로 세대를 양분하는 것이 최적인데, 남향을 극단적으로 선호하는 주거 문화에서 북쪽으로 배치되는 세대는 불리할 수밖에 없는 상황이었다. 수없이 많은 평면 유닛을 고민해보

앉으나 가장 단순한 방법으로 해결하기로 했다. 도로변에 면한 서쪽에 큰 보이드를 만들어 상대적으로 향이 불리한 북쪽 세대에 남향 빛을 조금이라도 받게 하려는 것이었다. 결국, 남쪽과 서쪽에 뚫어 놓은 보이드로 남북 세대 모두 남향빛과 별도의 테라스를 갖게 되었고, 결과적으로 모든 세대가 위계 없이 같은 평면, 채광, 그리고 통풍의 조건을 누릴 수 있게 되었다. 강하게 내리쬐는 직사광선보다는 은은하게 집에 스며드는 산란광이 실내 분위기를 훨씬 좋게 한다는 굳은 믿음으로 남쪽 입면에 과감하게 전면 창을 배제하고 보이드 측면에 창을 만들어 빛이 한번 걸러져서 유입되는 방법을 취하였다. 이것은 내가 가장 중요시 하는 '채광'을 해결함과 동시에 독특한 인상의 전면부를 갖게 하였다.

내가 건축 계획에서 중요하게 생각하는 또 하나의 요소는 '디테일'이다. 백토벽돌로 치장한 외벽은 일반적인 벽돌 구법이 아닌 가로줄눈만 살리고, 세로는 맞댄이음으로 처리하는 디테일을 사용하여 수평선을 강조하였다. 이것은 고전적인 벽돌을 보다 세련되게 보이게 한다. 건축주가 거주하는 4층에는 모든 군더더기, 예를 들면 문틀, 유리 프레임, 몰딩 등을 감춘, 단순하지만 어려운 디테일을 사용하여 건물의 내외부가 같은 디자인 어휘로 만들어졌다는 것을 보여준다.

한 푼이라도 저렴한 비용으로 계획하고, 짓는 것이 대부분의 건축주가 가진 욕망일 것이다. 막대한 자본이 투입되는 건축이라는 행위는 종종 이 자본의 논리에 휘둘려 건물이 지어지고 난 후 편하게 인사조차 못 하는 사이가 되는 경우도 비일비재하다. Y terrace 프로젝트가 무리 없이 완공되고, 현재까지도 돈독한 사이로 유지되는 데에는 건축주의 의지가 강했기 때문이며, 성실한 시공사의 헌신이 컸다. 시공사인 제이아키브 건설은 모든 공정을 인터넷 카페를 이용하여 거의 매일 실시간으로 공유하였다. 현장에 방문하기 전 모든 상황과 문제점을 파악하고 가기 때문에 오차 범위는 줄어들 수밖에 없었으며, 이것은 효과적인 공사비 투입과 품질 향상에 막대한 영향을 미쳤다.

마지막으로 가장 강조하고 싶은 부분은 좋은 건축물을 만들기 위해서는 건축주, 건축가, 그리고 시공사의 호흡이 제일 중요하다는 것이다. 위에서 언급한 일련의 에피소드는 결과적으로 3자 모두가 때로는 양보하고, 때로는 각자의 의지를 표명하면서 끊임없는 소통을 통해서 '건축'이라는 행위를 즐겼다는 것이다. 10여 년의 건축 경험 중에서 이 프로젝트만큼 큰 소리, 큰 갈등, 그리고 큰 사고 없이 마쳤던 적이 없다. 그렇다. 건축도 사람이 부딪히며 하는 일이고, 사람 간의 소통이 가장 중요한 것이다.

—

민우식 글   황효철·민우식 사진

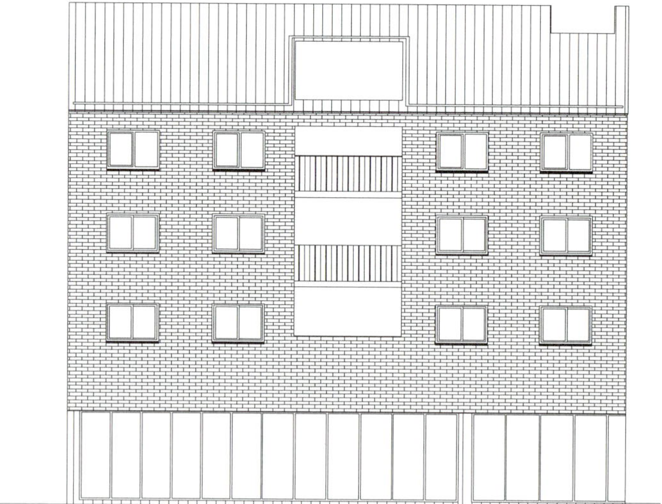

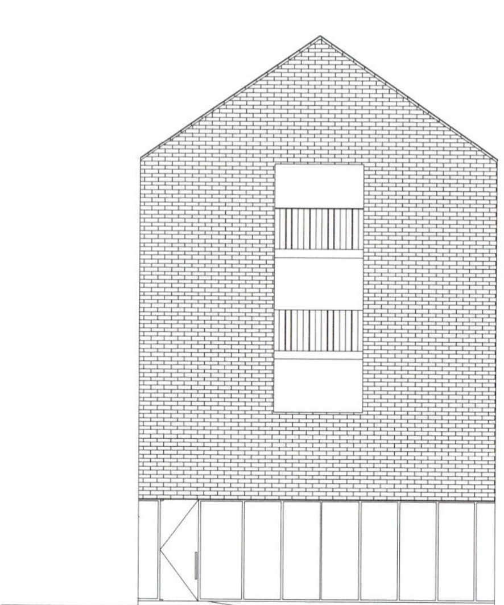

ELEVATION

HOUSE PLAN

대지위치 경기도 수원시 영통구 이의동 | **대지면적** 302.1㎡(91.4평) | **건물규모** 지상 4층 | **건축면적** 178.89㎡(54.11평) | **연면적** 543.22㎡(164.3평) : 발코니 확장 추가면적 160.9㎡(48.7평), 다락 추가면적 52㎡(15.7평) | **건폐율** 59.2%(법정 60%) | **용적률** 179.9%(법정 180%) | **주차대수** 6대 | **최고높이** 16.85m | **공법** 기초 – 혼용기초 + 매트기초 / 지상 – 벽식구조 | **구조재** 철근콘크리트 | **지붕재** 칼라강판 | **단열재** 기초 – 압출법보온판 / 지상 – 비드법보온판 | **외벽마감재** 백토벽돌, 칼라강판, 24㎜ 복층유리 | **창호재** 2~3층 – PVC 시스템창호 / 1층, 4층 – 알루미늄 시스템창호 | **설계** 민 워크샵 | **시공** ㈜제이아키브건설 www.jarchiv.com | **총공사비** 약 8억4천만원(부가세 별도)

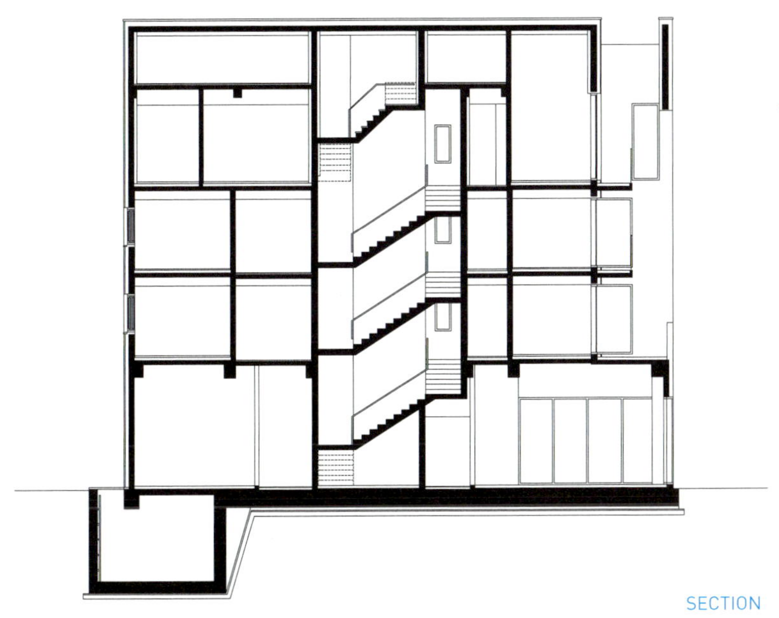

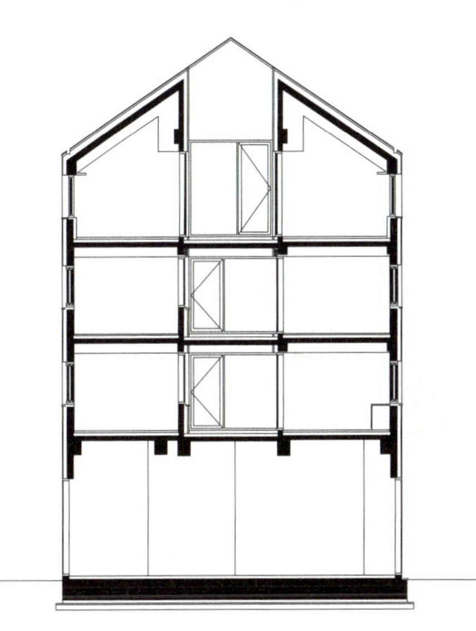

SECTION

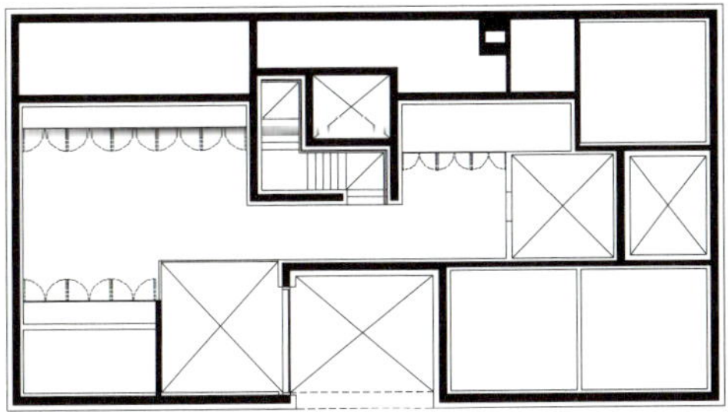

PLAN - ATTIC

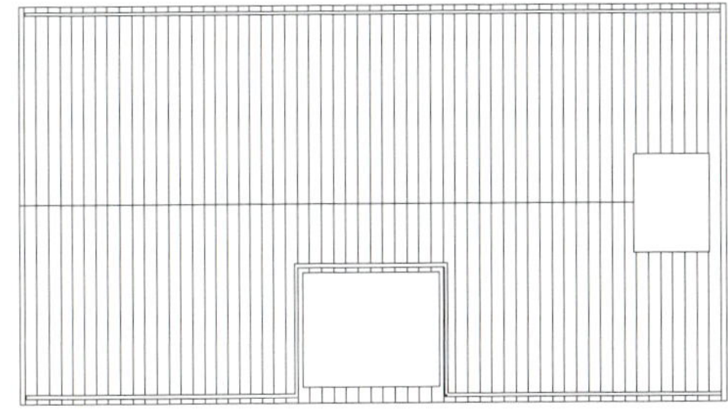

PLAN - ROOF

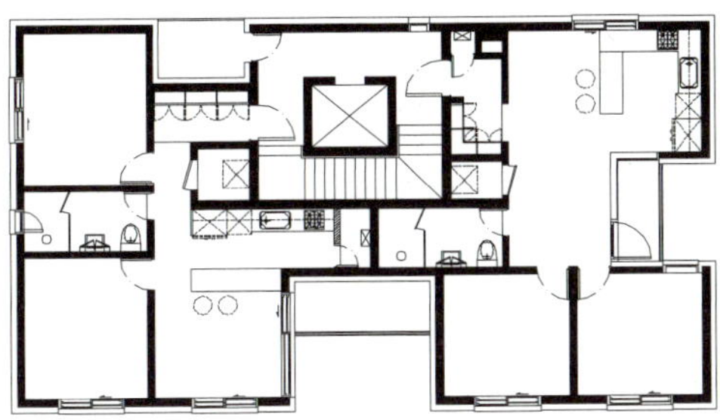

PLAN - 3F

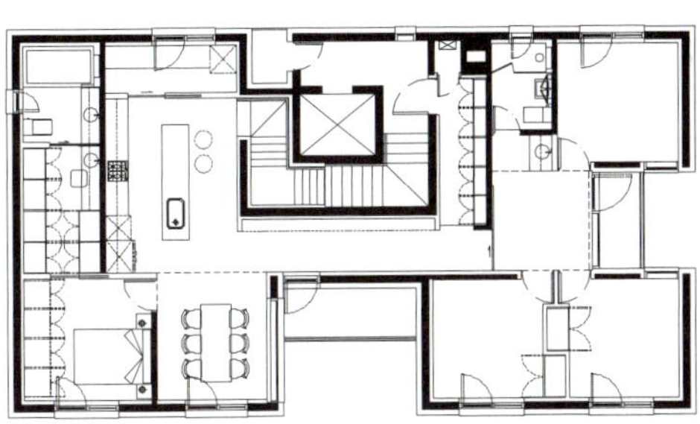

PLAN - 4F

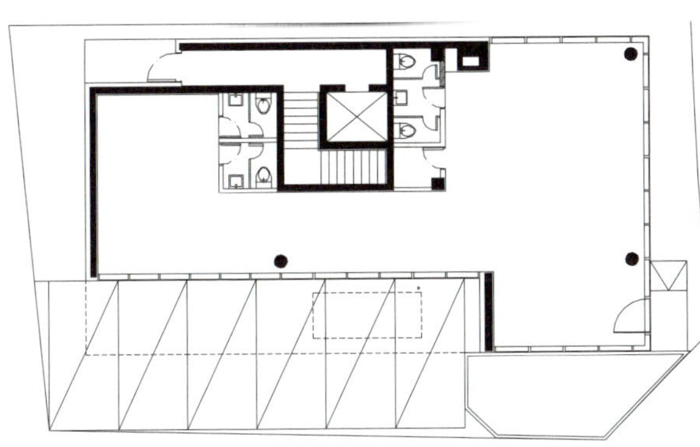

PLAN - 1F

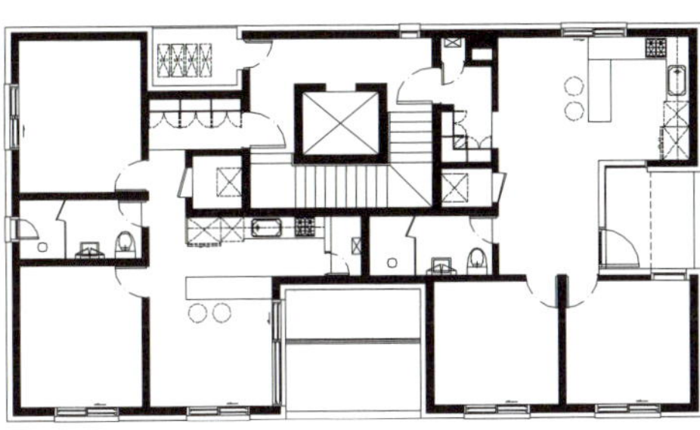

PLAN - 2F

INTERIOR SOURCES

내벽 마감 1층 – 노출콘크리트 조면 처리 / 2~3층 – 실크벽지 / 4층 – 페인트, 실크벽지 | **바닥재** 1층 – 모르타르 위 에폭시 도장 / 2~3층 – 비닐계타일 / 4층 – 원목마루 | **욕실 및 주방 타일** 1층 – 국내산 자기질 타일 / 2~3층 – 수입산 자기질 타일 / 4층 – 수입산 대리석, 수입산 자기질 타일 | **수전 등 욕실기기** 1~3층 – 대림바스 / 4층 – 아메리칸스탠다드 | **주방 가구** 주문 제작(인조석 상판, 무늬목, 무광도장) | **조명** LED형 바, 다운라이트 | **계단재** 모르타르 위 에폭시 도장 | **현관문** 제작도어(갈바금속 위 분체도장) | **방문** 2~3층 – 기성도어(무광 랩핑) / 4층 – 50T 자작나무(무광락커도장) | **붙박이장** 주문제작(무광 우레탄 도장)

CON HOUSE

—

연남동 고깔집

건축주가 사전에 땅을 매입하고 건물의 설계를 의뢰하기 위해 건축사무소를 찾는 일반적인 경우와 달리 연남동 고깔집은 대지 선정 단계에서부터 건축사무소가 동참했다. 동네 카페와 미니 음식점, 1인 공방과 디자인용품 가게 등 문화적 상업시설이 자리 잡은, 그러면서도 외부인들로 너무 시끌벅적하지 않은 동네를 물색하고 있던 건축주는 이런 방식을 통해 원하는 땅을 조금 더 체계적으로 찾아 나섰다.

수익성 부동산을 위해 땅을 찾는 대부분의 사람은 대중 매체를 통해 소위 '뜨는 동네'를 검색한 후, 그 동네 부동산에 가서 땅의 가격, 접근로 및 주차 상황이나 주거 환경 등의 기본적인 부동산 정보를 묻고 결정한다. 그러나 좀 더 신중해진다면 대상지가 위치한 동네가 기존 상권의 대안동네로서 제대로 된 역할을 할 수 있을지, 각종 행정적 규제가 존재하지는 않는지, 또는 공적 자본의 금융지원 프로그램이 존재하는지 등의 내용도 검토를 해보아야 하며 이때 건축사무소는 좋은 상담 파트너가 될 수 있다. 이런 여러 가지 요소들과 건축주의 자금 상황을 고려해 연남동의 한 부지로 대상지가 결정되었다.

대상지는 한 면은 4m 폭의 도로에 접해 있고 나머지 3면은 이웃 건물들과 접해 있다. 남쪽으로 도로가 있어 한 면은 이웃 건물과 6m의 인동 간격을 유지할 수 있으나, 나머지 주변은 5층 높이의 건물로 둘러싸여 있어 대상지 역시 다른 다세대·다가구 주택지와 마찬가지로 부족한 채광과 환기, 사생활 침해 등의 문제점을 안고 있다. 지구단위계획에서 규정한 도로에서 1m 후퇴한 건축한계선과 정북일조사선, 화재 발생 시 피난로의 확보 등 법적규제선이 자연스레 건물 외곽선을 결정했다.

연남동 고깔집은 도심에 건축되는 다세대 주택의 표준적인 프로그램들을 담고 있다. 1층은 필로티로 형성된 주차장과 도로면으로 근린생활시설(사무소)이, 2∼3층은 총 6세대의 원룸이, 마지막 4∼5층은 복층형 주거로 구성된다. 도심지에 건축되는 다른 다세대·다가구 주택도 원룸형 주거 면적이 조금 더 넓어지거나 방이 2∼3개가 되는 변주는 있을 수 있지만, 위의 용도 구성과 크게 달라지지는 않는다.

1층은 작은 면적이나마 도로면에 접한 근린생활시설을 확보하고 주차 면적을 최소화하며, 그리고 상층부 주거의 채광을 위해 공용계단실을 건물의 북쪽에 위치시켜 평면계획을 결정하였다. 2층과 3층은 20∼24㎡의 전용면적으로 이루어진 원룸형 주거가 총 6세대가 자리 잡고 있다. 원룸형 주거의 계획에서는 충분한 채광과 사생활의 보호라는, 대지 특성상 서로 모순되는 가치를 어떻게 해결하느냐가 중요했다. 다가구·다세대 밀집지에서는 애초에 충분한 환기나 채광이 어렵고 사생활 침해도 일상의 일부가 되었다. 연남동 고깔집에서는 발코니 영역을 중간지대로 설정해 '거실>발코니>이웃'이라는 도식이 성립하도록 계획했다. 즉 발코니 외피를 투과성과 차폐성 모두를 갖춘 일종의 메탈 커튼으로 계획해 빛은 발코니로 들이면서 외부의 시선은 적당히 차폐하도록 했다. 거실 내부에서 보면 큰 창을 통해 이 메탈 커튼이 스크린으로 작용해 주변의 어두운 이웃 경관을 여과시킨다. 각 세대 화장실의 환기창 또한 이 발코니 쪽을 향하도록 해 환기창을 내고도 열지 못하는 대다수 다세대 주택의 모순적 상황을 해결하도록 했다. 4층과 5층은 복층형 주거의 한 세대로 구성했다. 4층은 주방과 식당, 그리고 작은 거실을 두었고 5층은 침실과 넉넉한 화장실, 욕실을 계획했다. 4층 외부는 주변 건물의 일조를 위해 건물 외벽이 일부 후퇴해 생긴 자리에 지붕 테라스를 계획했고, 난간을 이용해 인접한 이웃 건물에서의 시선을 어느 정도 차폐했다.

건물은 골조는 매트기초와 그 상부에 철근콘크리트 벽식 구조의 방식으로 완성되었다. 매트기초의 하부와 측면은 압출법 보온판으로 단열해 얕은 기초임에도 동결심도를 극복할 수 있도록 했다. 현행 건축법상 최대 용적률을 만족하기 위해서는 한 층의 층고가 약 2.7m를 넘기가 힘들다. 낮은 층고의 문제는 결국 아파트에서 일반적으로 사용되는 철근콘크리트 라멘구조 대신 슬래브 두께를 5~10cm 증가시켜 보와 기둥이 없는 슬래브와 내력벽 구조를 사용토록 했는데, 층고를 조금이나마 더 확보하게 된 대신 공간의 가변성은 일정 부분 포기해야 했다.

이 건물은 이름에서도 알 수 있듯이 3층까지의 하단부가 주사위 형태이며 4, 5층 상부는 고깔 모양의 경사면으로 전체가 단일체로서의 이미지가 강한 건물이다. 이러한 형태미를 살릴 수 있도록 건물의 외피는 외단열시스템을 적용했다. 외단열시스템은 단열재의 탈락이나 오염 등 몇 가지만 유의하면 외부 마감재 중 가성비가 좋은 편이기도 하다. 원룸형 주거 각 세대의 발코니는 유공판과 외부 커튼을 이용해 이웃과 세대 거실 간의 시야를 적절히 차폐하고 그러면서도 동시에 개방감을 줄 수 있도록 했다.
　　　　4층의 지붕 테라스에는 지구단위계획상 옥상녹화가 의무화되어 있었다. 실제 열교 및 결로현상을 막기 위해 지붕을 외단열하면서 옥상을 녹화하기가 쉽지 않았다. 금전적인 문제와 업체의 기술력 부족 등의 이유로 한국에서 지붕 외단열 공사를 기피하는 현상이 일반적인데 이는 빠른 시일 내에 개선되어야 할 것이다. 경사면에는 재료의 특성상 외단열시스템을 시공하기가 힘들고 하자 위험이 있다고 판단되어 반투명한 폴리카보네이트 골판을 이용했다.

—

이세웅·최연웅 글　　이남선 사진

HOUSE PLAN

대지위치 서울시 마포구 동교로 | **대지면적** 165㎡(50평) | **건물규모** 지상 5층 | **건축면적** 93.8㎡(28.42평) | **연면적** 283.9㎡(86.03평) | **건폐율** 57.3%(법정 60%) | **용적률** 173.4%(법정 200%) | **주차대수** 4대 | **최고높이** 15.1m | **공법** 기초 – 철근콘크리트 매트기초 / 지상 – 철근콘크리트 벽식구조 | **구조재** 철근콘크리트 | **지붕재** 컬러골강판 | **단열재** 비드법보온판 2종 120mm(외벽), 압출법보온판 180mm(평지붕), PF보드 80mm(경사지붕) | **외벽마감재** 스터코플렉스 뿜칠 | **창호재** 필로브 알루미늄 창호(로이삼중) | **설계** ㈜아파랏.체 | **시공** ㈜이인시각 | **건축비** 3.3㎡(1평)당 550만원

ELEVATION

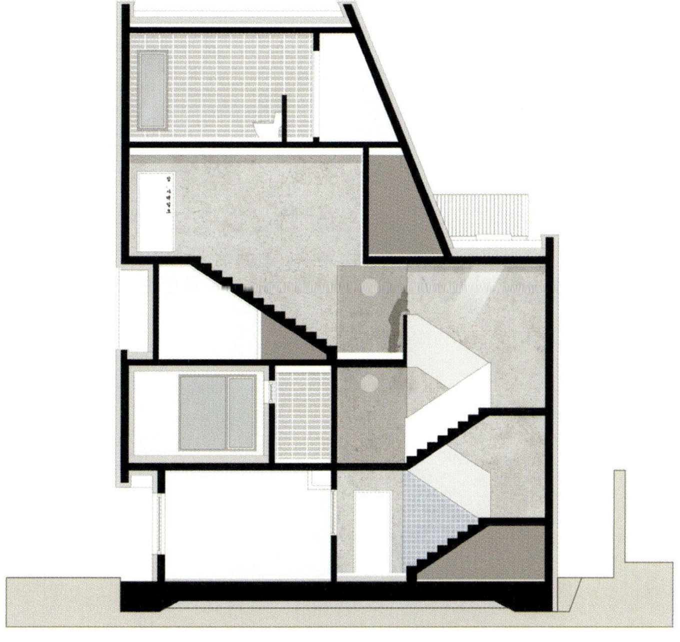

SECTION

집·이백일호

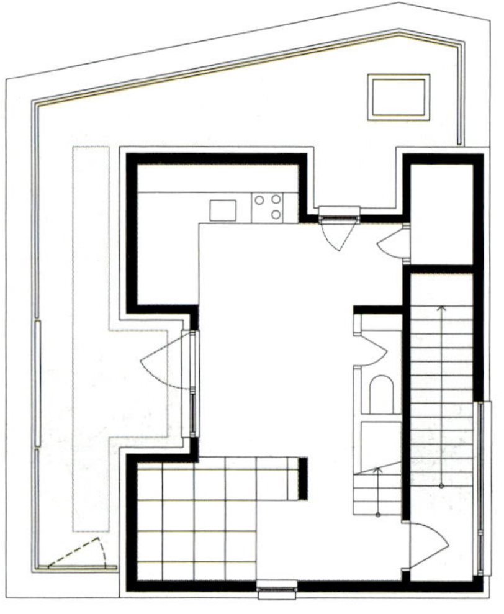

PLAN - 4F

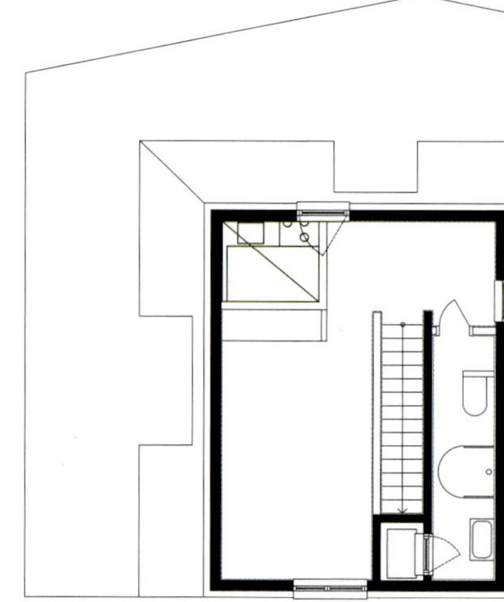

PLAN - 5F

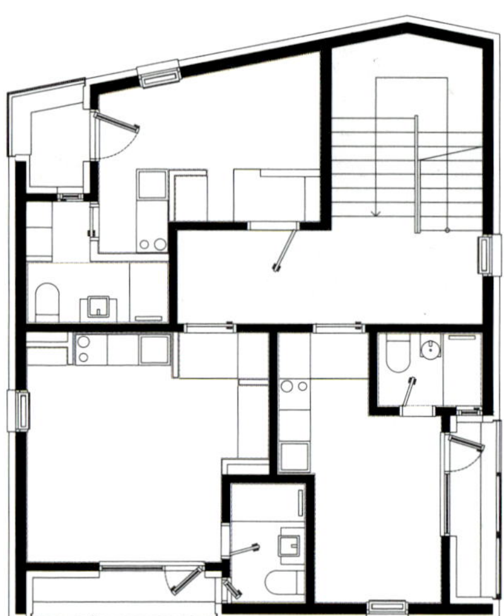

PLAN - 2F

PLAN - 3F

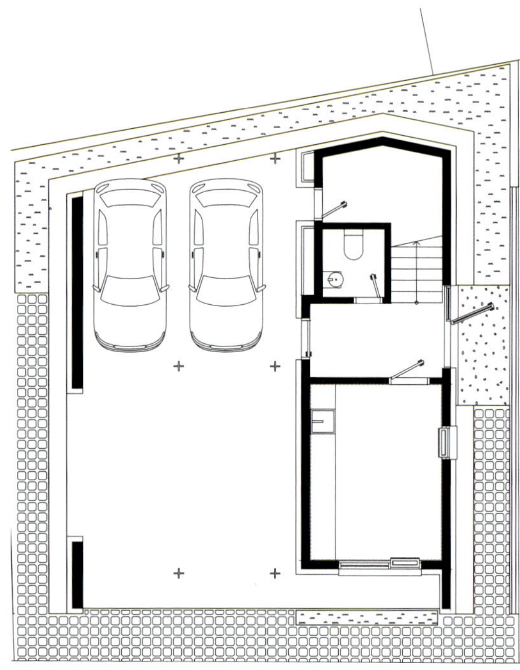

PLAN - 1F

INTERIOR SOURCES

내벽 마감 실내 – 삼화페인트 수성무광 백색 / 공용부 계단 – 테라코코리아 핸디코트 | **바닥재** 거실, 방 – 동화강마루 메이플 / 3~4층 계단 – 집성목 메이플 / 공용부 계단 – 무기질바닥재 | **욕실 및 주방 타일** ㈜에스티세라믹 화이트, 그레이타일 100x400 | **수전 등 욕실기기** 대림바스 | **주방 가구** Haatz(후드), 아메리칸스탠다드 비스토K(수전), 백조싱크볼 SQS500 | **조명** 방 – 히포 LED / 거실, 주방 – LUMID | **계단재** 1~3층 – 무기질바닥재 그레이 / 3~5층 – 집성목 메이플 | **현관문** 현장제작 | **방문** 영림 ABS 도어 | **붙박이장** 현장제작

m&m HAUS

—

광교 택지개발지구 상가주택

대지의 위치는 광교 택지개발지구 중 이주자 택지로, 1층에 근린생활시설과 나머지 층에 다가구 주택을 지을 수 있는 땅이다. 이 용도의 땅에는 지구단위계획지침이 있어 건축 가능한 규모에서부터 층수, 면적, 세대수와 주차의 진·출입 동선과 다락 및 경사지붕 등 세부적인 사항까지 까다롭게 규정된다.

이곳에 집을 짓고자 한 건축주의 요구는 명확했다. 최대 면적에 최소의 비용으로 최고의 임대수익을 올리는 것. 상층부에 거주할 건축주의 집은 보기에도 좋고 쓰기에도 편한 집으로 지어줄 것. 여기에 공사비 일부를 대출받아야 하는 경제사정을 고려해 국민임대주택 기준에 맞춰 전용면적 조건을 맞춰줄 것이 그 전부였다.

대지는 정남향에 가깝고, 옆 건물과 붙어있는 서쪽을 제외한 3면이 도로나 공지(空地)와 접한다. 땅 모양은 사각이 아닌 코너가 조금 돌출된 모퉁이 땅으로 보아야 했다. 우리는 건축주의 요구사항을 최대한 수용하면서 지구단위계획지침에 따르되, 도시의 코너 땅이 가지는 매력을 살려 주변과 어울리면서도 색다른 거리 풍경을 만들어내는 것을 목표로 삼았다. 또한, 건물을 층별로 혹은 면으로 잘게 쪼개는 방식보다는 공간과 조형을 구성하여 전체를 관통하는 하나의 큰 흐름 속에서 지면부터 지붕까지 자연스럽게 연결되는 덩어리를 만들고자 했다.

설계는 땅이 가진 유형과 무형의 힘과 분위기에 대한 순응과 저항에서부터 출발했다. 건물을 지을 당시에는 주변 건물도 하나둘씩 올라서고 있었다. 예상되는 양옆 건물의 입면 흐름을 건물에 그대로 받아들이면서도 모퉁이에 면한 부위를 돌출되게 처리해 입체적이면서도 볼륨감 있는 입면을 만드는 데 집중했다.

1층 상가는 도로에 최대한 면하고 개방감이 있어야 임대 선호도가 높아진다. 이에 도로에 접하는 1층 대부분을 임대공간으로 사용할 수 있게끔 주택 진입로는 북동쪽에 배치했다. 동쪽의 보행자 도로로 진입하게 하여 자연스럽게 상가와 주거가 분리되는 동선이다.

중간층의 다가구 주택은 모든 세입자가 각기 다른 평면을 가진다. 이때 대원칙은 거실 등 공용 공간을 무조건 남쪽으로 배치하고 외부의 테라스와 여유 공간을 두어 개방감을 충분히 확보할 수 있게 하는 것이었다. 또, 폭이 좁은 세대는 복층형으로 구성해 협소함을 확장된 공간감으로 보완했다.

주인세대가 거주하는 최상층은 경사진 지붕을 적극적으로 활용해 다락을 만들고, 내부공간을 수직적으로 개방감 있게 처리했다. 또한, 외부의 데크 테라스와 실내 사이를 벽이 아닌 유리로 구분해 시각적으로 넓게 트인 수평적 확장을 꾀했다. 외부마감에 쓰인 청고벽돌을 지그재그로 쌓아 자연스럽게 건물의 외관을 풍성하게 만들면서도, 건물 안쪽에서는 자연스럽게 담벼락으로 인식되도록 했다.

여기에 구멍 나게 쌓은 벽돌이 투시형 난간과 같은 효과를 주는데, 멀리서 보기에 실내의 불빛이 언뜻 비치는 분위기 있는 효과를 얻을 수 있으며, 내부에서는 벽돌 틈새로 주변의 풍경이 스치듯 비쳐 주변과 단절되지 않고 열려 있는 느낌을 준다.

가장 큰 어려움은 경사지붕의 처리였다. 지침에서는 도로에서 되도록 경사면이 보이게 즉, 경사지붕 면을 동쪽과 서쪽으로 잡을 것을 권고한 데 반해 우리는 대지의 상황과 건물 전체의 디자인을 고려하여 이에 어울리는 경사를 만들었다. 당연하게도 디자인 심의 과정이 녹록지 않았다. 몇 번의 설득과 재심 끝에 디자인이 통과되었고, 결국에는 도로에서 지붕의 다이내믹한 모습이 잘 보일 수 있게 되었다. 덕분에 보는 위치에 따라 건물이 다르게 보이는 입체적인 건물을 만들 수 있었다.

—

김희준 글　변종석 사진

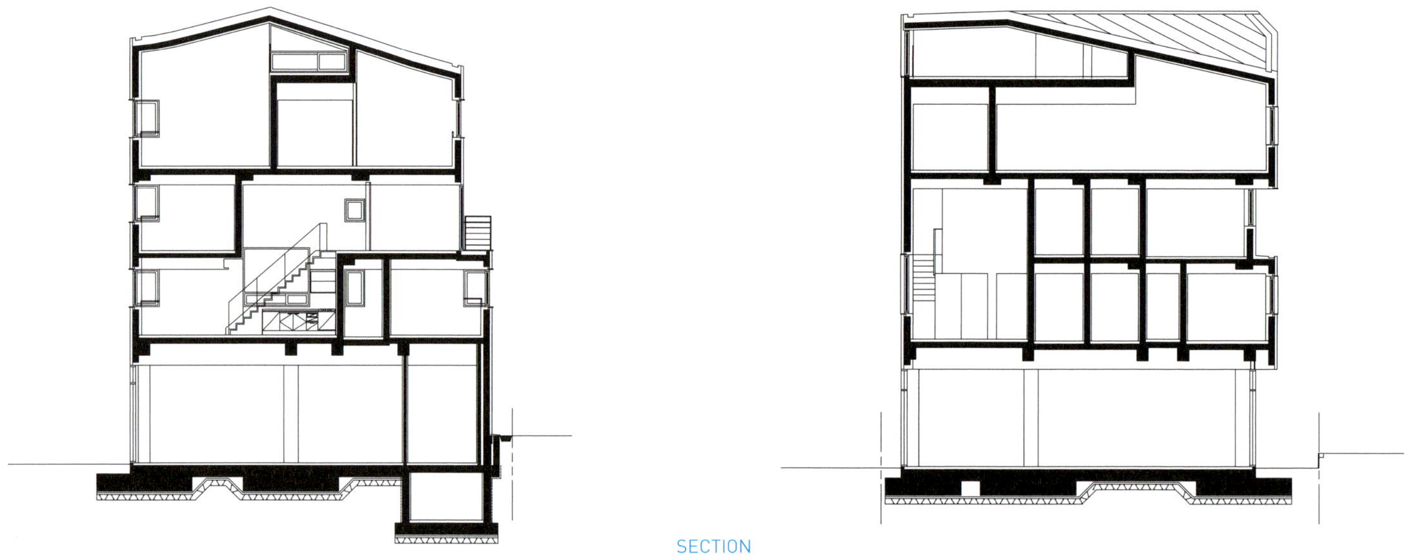

SECTION

HOUSE PLAN

대지위치 경기도 수원시 영통구 이의동 | **대지면적** 281.8㎡(85.24평) | **건물규모** 지상 4층 | **건축면적** 163.52㎡(49.46평) | **연면적** 505.21㎡(152.82평) | **건폐율** 58.03% | **용적률** 179.28% | **주차대수** 5대 | **최고높이** 16.0m | **구조재** 철근콘크리트 | **지붕재** 컬러강판 | **단열재** 압출법보온판 | **외벽마감재** 청고벽돌, 갈바스틸 위 불소수지도장 | **창호재** PVC이중창, PVC시스템창호 | **설계** ANM 김희준 | **시공** ㈜에스앤씨건설 02-464-9100 | **건축비** 3.3㎡(1평)당 420만원

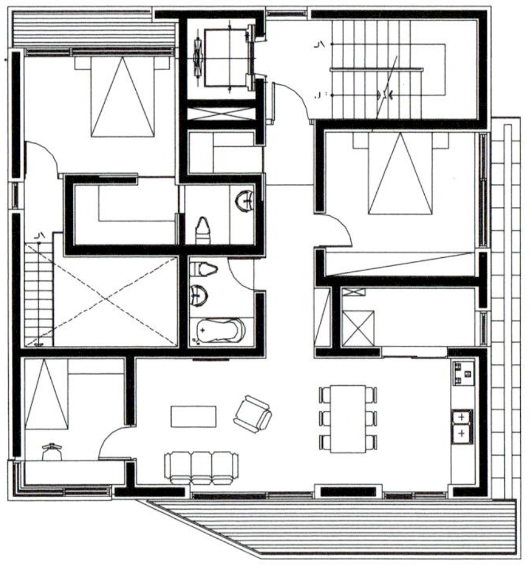

PLAN - 3F

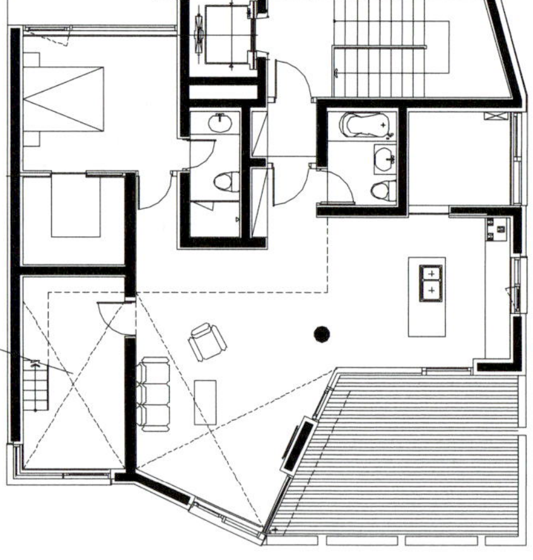

PLAN - 4F

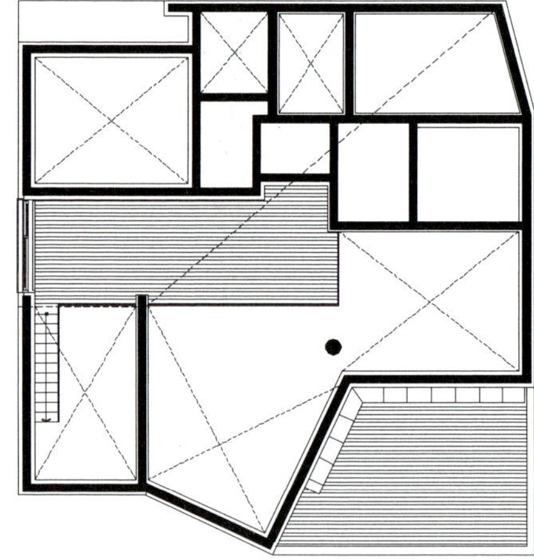

PLAN - 5F

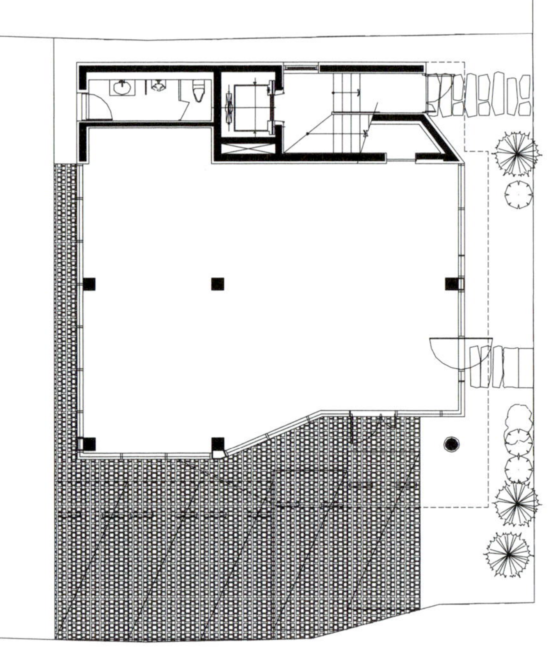

PLAN - 1F

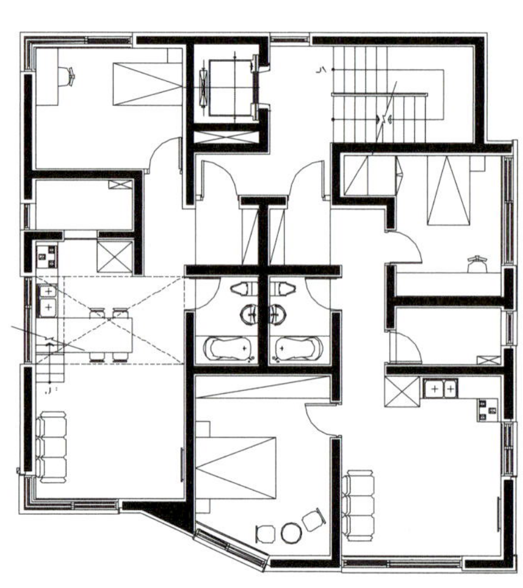

PLAN - 2F

내벽 마감 석고보드 위 실크벽지, 페인트 | **바닥재** 온돌마루 | **욕실 및 주방 타일** 자기질타일 | **주방 가구** 하이그로시 마감
| **계단재** 지정원목

WHITE CUBE

—

망우동 다가구 주택

중랑구 망우동. 서울의 가장 동쪽에 위치한 곳으로, 아름다운 망우산이 보이는 지역이다. 이곳은 오랫동안 재개발지역으로 지정되어 있었으나, 주민들의 개발 해제 요구로 최근에 개발 사업이 해제되었다. 최근 국내에서 재개발 사업이 가지고 있는 여러 가지 문제점들이 부각되고 있다.

오랜 기간 형성된 우리 도시의 모습을 획일적인 아파트 단지로 변화시키는 것이 좋은 것일까? 좁고 낡은 골목길과 주차장 부족을 해결해줄 수 있는 대안이 아파트뿐일까? 아니다. 재개발의 본질은 주거 환경의 개선이고, 이는 다양한 방법과 시도로 해결이 가능하다고 생각한다.

개발 해제가 된 이후에 망우동 지역은 낡은 옛집들을 다가구 혹은 다세대로 신축하는 일들이 일어나고 있다. 이러한 주거형태는 소위 '빌라'라고 하는 것인데, 대부분 건축가가 아닌 업자들에 의해 경제적 논리를 따져서만 지어지고 있다. 그런 이유로 대부분은 공사의 품질이 낮고, 사람의 주거 환경을 우선시하는 것이 아니라, 이윤 추구가 목적이 된다. 이는 대형 아파트 단지가 가지는 문제점만큼이나 큰 사회적 문제로 지적되고 있다.

'화이트큐브 망우'는 38평 대지 위에 지어진 4가구를 위한 연면적이 60평인 작은 규모의 다가구 주택이다. 주변이 대부분 작은 대지들로 구성되어 있다 보니, 어쩔 수 없이 생기는 옆 건물 간의 좁은 간격 때문에 빛이 들어오지 않고, 창문도 제대로 열 수 없는 주거지역의 문제점에 먼저 집중하였다.

내부공간으로 빛이 반사되도록 하면서 동시에 큰 창을 낼 수 있도록 하늘 발코니를 생각했고, 내부

구조는 공적인 공간과 사적인 공간들이 적절하게 분할되도록 구성했다. 또한, 작은 규모라고 하더라도 모든 설비, 기계와 전기 등의 관들이 하나의 파이프 샤프트를 통해 정리되도록 하였고, 우수관까지 외부에 노출되지 않도록 설계 초반부터 고려하였다. 기능적으로 우수한 건물을 위해 외벽과 내벽의 이중단열을 택하고 시스템창호(이건창호 3중 로이유리)를 사용했다. 외벽의 유지관리를 위한 디테일을 적용하고, 그로 인해 상승할 수밖에 없는 공사비는 다른 부분에서 최대한 간결한 형태로 설계하며 풀어나갔다.

이번 작업을 통해 아쉬웠던 점은 단독대지 내에서 해결해야 했던 필로티 주차장과 녹지공간의 부족이다. 개발의 범위가 조금 더 확대되어 몇몇 개의 대지가 연합된 블록 형태로 설계가 이루어질 수 있는 환경이었다면 어땠을까? 1층(지층)의 새로운 공간, 공동 주차장, 차가 없는 보행로, 놀이공간 및 녹지 등이 도입되고 전기선을 지중화하는 방식까지도 충분히 검토될 수 있었을 것이다. 지층의 적극적인 활용은 사회적 공간이 되고, 거주자뿐 아니라 이웃들에게도 건강한 보행환경을 만든다.

우리가 추구하는 작업은 기능과 미학의 균형을 통해 좋은 건축, 일상의 건축을 만들어가는 것이다. 건축공방의 일상은 많은 사람이 높은 수준의 건축디자인을 누리는 것이 일상이 되는 것을 의미한다. 일상이 아름다운 한국, 일상이 행복한 한국인을 기대한다.

—

심희준·박수정 글   임준영 사진

HOUSE PLAN

대지위치 서울시 중랑구 망우동 | **대지면적** 122.20㎡(36.97평) | **건물규모** 지상 4층 | **건축면적** 73.22㎡(22.15평) | **연면적** 187.71㎡(56.78평) | **건폐율** 59.9% | **용적률** 158.5% | **주차대수** 자주식 3대 | **최고높이** 11.5m | **공법** 기초 – 철근콘크리트 매트기초 / 지상 – 철근콘크리트 | **구조재** 철근콘크리트 | **지붕마감재** 방수마감 | **단열재** 상부 천장 - 비드법발포단열재 180mm / 외벽 – 비드법발포단열재 90mm / 내벽 – 스카이비바 30mm + 반사형단열재 6mm / 하부 바닥 – 비드법발포단열재 180mm | **외벽마감재** 스터코플렉스 외단열시스템 + 내단열시스템(2중단열) | **창호재** 이건창호 72mm 화이트 PVC 3중 창호(35mm, 일면 로이유리) | **설계** 건축공방 | **시공** 공정건설㈜ (아틀리에 기노채)

BEFORE

AFTER

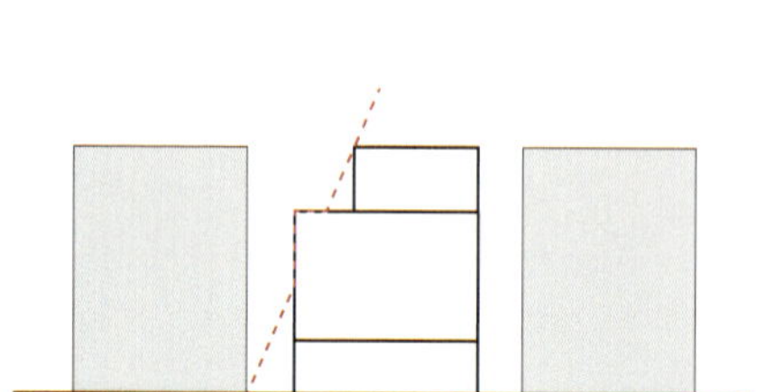

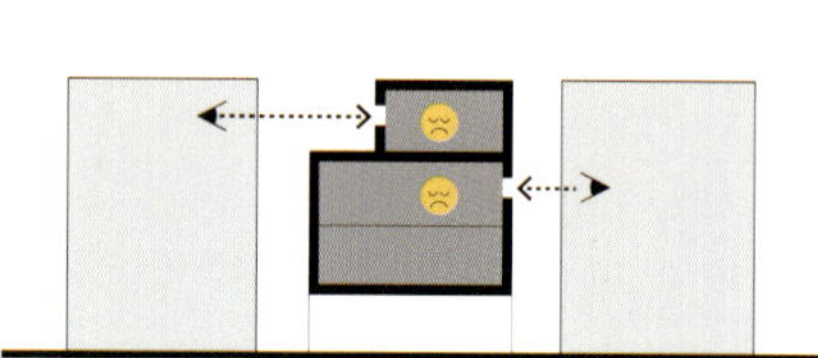

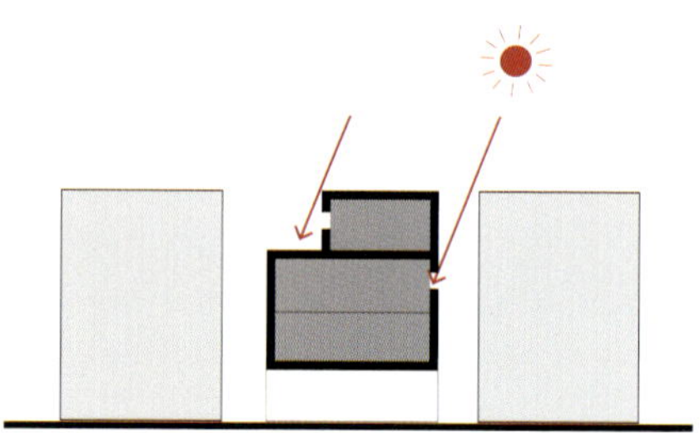

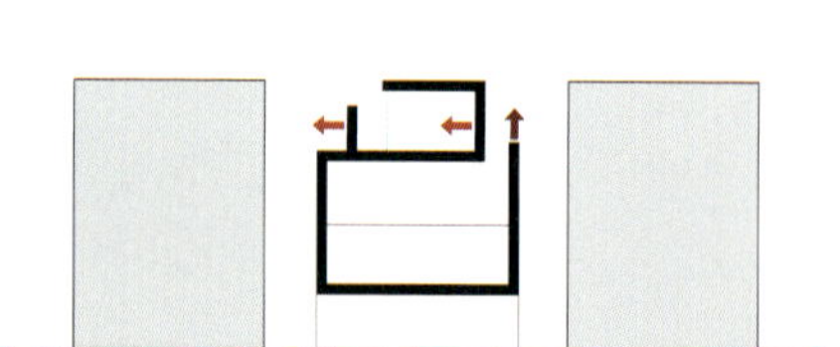

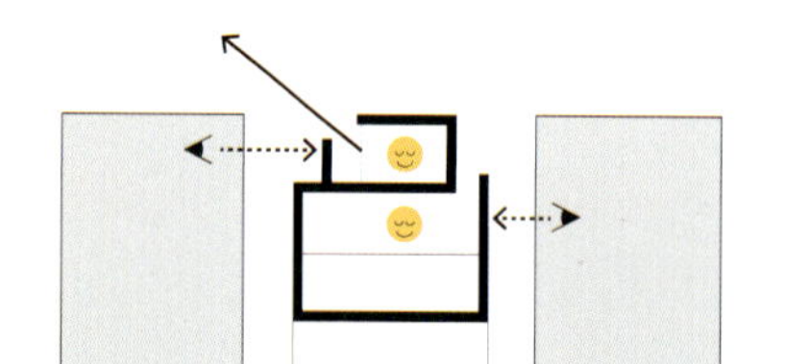

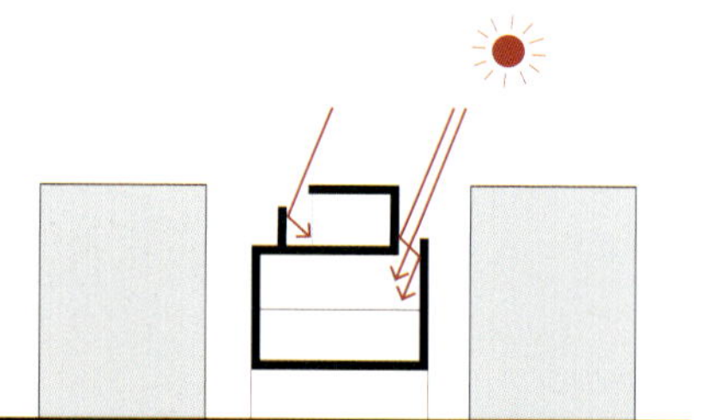

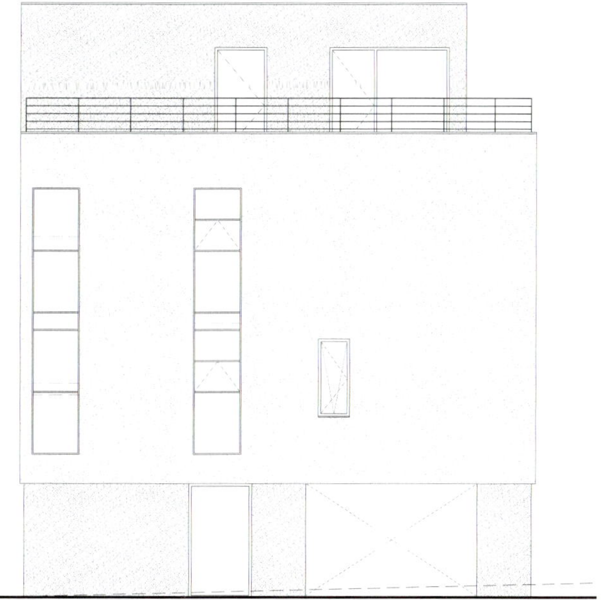

ELEVATION

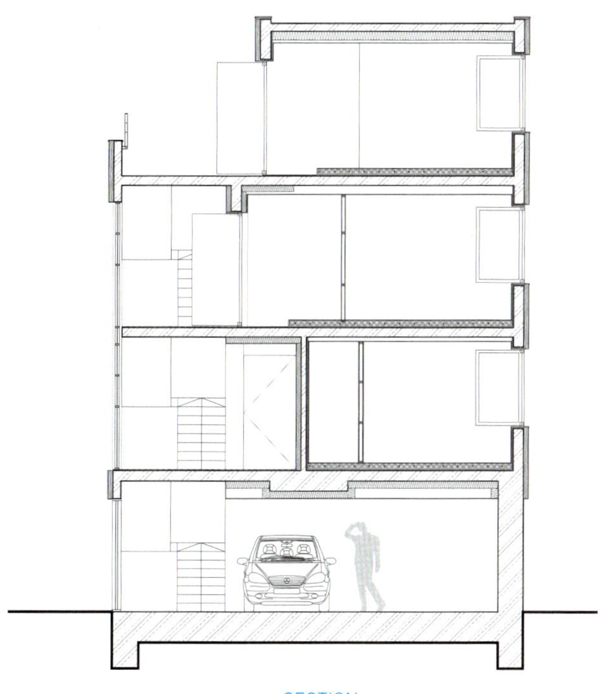

SECTION

INTERIOR SOURCES

내벽 마감 친환경 벽지 | **바닥재** 동화 강마루 | **욕실 및 주방 타일** 논현동 유로세라믹 | **수전 등 욕실기기** 논현동 유로세라믹 | **주방 가구** 세한싱크 | **조명** 논현동 | **계단재** 고흥석 20㎜ 잔다듬 | **현관문** 단열도어 | **방문** 영림 슬라이딩 및 여닫이문 | **붙박이장** 세한싱크

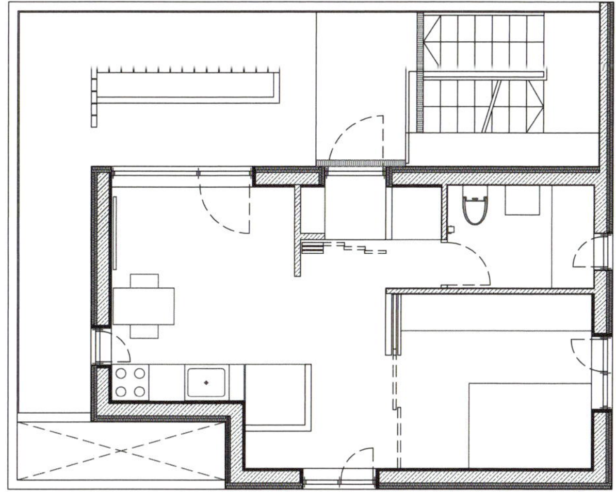

PLAN - 4F

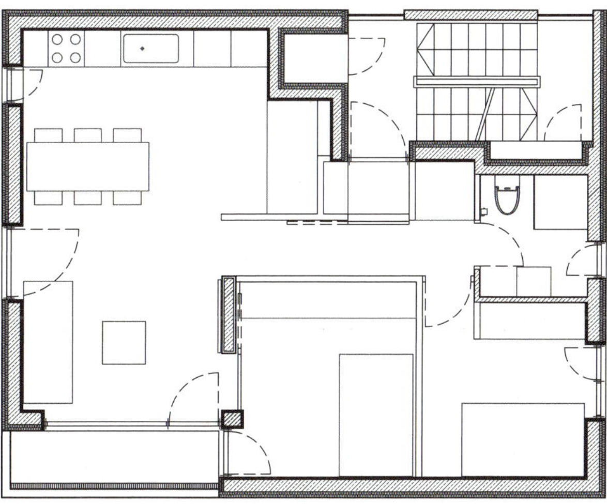

PLAN - 3F

NUSANGDONG HOUSE

–

종로 누상동 상가주택

직업의 특성상 이동이 잦은 건축주(남편)는 아내와 두 아들 그리고 부모님을 위해 집을 짓기로 결심한다. 그는 가족에게 본인이 없을 때도 안전하고 따뜻한 공간을 만들어 주고 싶었다. 면적이 33평 정도 되는 대지는 3면이 도로에 면해 있어 도로 확폭과 도로 가각전제를 하고 나면 대지는 30평쯤이었고 이마저도 주차와 도로사선, 정북 일조권 등을 적용하고 나면 집은 더욱 작아질 수밖에 없었다. 그나마 2필지이기에 30평이라도 가능하다는 위안 아닌 위안을 해보았다.

1층과 2층은 근린생활시설, 3층과 4층은 주택으로 구상했다. 건축주가 요구한 사항은 어디서든 책을 볼 수 있는 집이었으면 좋겠다는 것, 주택이 2개 층이다 보니 작게라도 수직적으로 오픈된 공간이 있었으면 좋겠다는 것 이외에는 '집에 맞춰서 사람이 살아가야죠' 라는 농담 섞인 말을 하면서 더 좋은 디자인이 나올 수 있도록 건축가를 믿고 맡겨주었다.

　　　　누상동 상가주택에서 많은 고민을 차지했던 부분은 수납공간이었다. 공간이 작아서 짐을 덜어낸다 하더라도 줄이는 데 한계가 있고, 기성 가구를 사용하면 공간에 잘 맞지 않을 수 있기에 수납공간을 함께 계획하고 그에 맞추어 가구를 제작하는 것이 자연스러웠다.

　　　　우선 건축주가 요구한 방 4개, 거실, 주방, 화장실 3개 실을 배치한 다음 거실과 주방같이 가구로 구획 가능한 벽체나 자투리 공간을 수납공간으로 계획하면서 내부 계단과 보이드 부분의 난간은 책장이 되었다. 거실뿐만 아니라 어디서든 책을 볼 수 있도록 옥상 부분에도 창틀, 난간과 함께 자작나무 책장을 제작하였다. 천장고가 높은 계단실을 이용해서 3, 4층 계단에서 사용 가능한 하부 수납공간을 두었다. 그리고 도로사선제한으로 인해서 경사가 생기는 부분의 일부를 실내계단에서 이용하는 창고로 활용하였다. 높이가 낮고 기울어진 창고는 주택의 숨은 비밀장소 같은 느낌을 준다.

　　　　1.5×1.3m 정도의 작은 보이드는 시·청각적으로 위층과 아래층을 연결해준다. 더불어 가족의 주생활공간인 3층 주방과 거실 사이의 벽에서 싱크대와 상부장을 제외한 부분은 오픈하였다. 거실, 주방의 벽식 가구와 연속된 주방의 개구부는 음식을 옮기는 배식대가 되기도 하고 때로는 간단하게 음식을 먹을 수 있는 바(Bar) 테이블이 되기도 한다.

태양열 집열판은 옥상에서 많은 면적을 차지해 입면을 저해하는 요소가 될까 봐 고민을 많이 했지만, 결국 에너지에 대한 생각으로 설치하게 되었다. 처음 우려와는 달리 집열판이 옥상에 들이치는 비를 일부 막아주

기도 하면서 하부는 가족들이 활동할 수 있는 또 다른 옥상 카페 공간이 되었다.

또 하나 건축주의 개성 있는 요구가 있었다. 화장실과 계단실에 사용하는 타일이 흔히 쓰는 모양과 색상이 아니었으면 좋겠다는 것이었다. 며칠 동안 카페 같은 상가건물의 사례를 조사해 보고, 타일 업체에서 엄청난 양의 샘플들을 받아보고서야 결정할 수 있었다. 바닥에는 회색 톤의 300×300㎜ 타일을, 벽면은 브라운 톤의 150×600㎜ 세로로 긴 타일을, 포인트 벽면은 69×145㎜의 크기가 작은 유광 타일을 사용하여 뭔가 색다른 화장실이 만들어지게 되었다.

평면은 시간이 흘러 가족구성원이나 세입자의 변화에 따라서 구성을 달리할 수 있도록 계획하였다. 별도의 두 개 공간으로 분리된 1층 상가는 경우에 따라 하나의 공간으로도 활용이 가능하다. 반대로 하나의 상가로 구성된 2층은 출입구 부분을 분리시키면 두 개의 공간으로 분할할 수 있다. 마찬가지로 주택도 3층 주방과 주방 쪽 방의 난방을 나누고 4층에는 아일랜드 주방을 배치하여 두 세대로 공간 분리가 가능하다.

누상동 상가주택은 서촌의 오래된 한옥들과 함께 2000년대 주거환경개선사업으로써 시행되었던 건폐율 완화로 대지를 꽉 채워 지어진 빌라들 사이에 위치한다. 주변 대부분은 붉은 벽돌 건물들이다. 이들과 전혀 다른 재료를 사용하면 건물 자체는 돋보일 수 있지만, 오랫동안 지속되어 온 주거지역의 맥락을 해치게 된다. 그래서 사용하게 된 재료가 미색 점토벽돌이었다. 주변과 어울리는 벽돌을 사용하면서 맞은편 한옥의 회벽과도 조화를 이룰 수 있도록 밝은 색상을 선택하였다. 진한 회색의 지붕과 캐노피 역시 같은 맥락으로 본 것이다. 미색의 벽돌 건물은 주변의 분위기를 밝게 만들고 익숙한 듯 새로운 분위기를 자아내기도 한다.

집은 사는 사람의 얼굴을 닮아간다. 그리고 집은 사는 사람의 생활에 많은 영향을 주기도 한다. 따뜻한 봄에 맞추어 건축주 가족이 입주하였다. 볕이 잘 드는 방에서 일어나 인왕산이 바라다보이는 거실에서 함께 시간을 보낸다. 책장에서 책을 한 권 집어 들어 계단을 의자 삼아 책도 읽고 또 옥상 텃밭도 가꾸면서, 추억을 차곡차곡 채워간다. 이들이 서촌이라는 마을 속에서 소소한 추억을 뿌리내리기를 바란다.

—

권현효 글　건축사사무소 삼간일목 사진

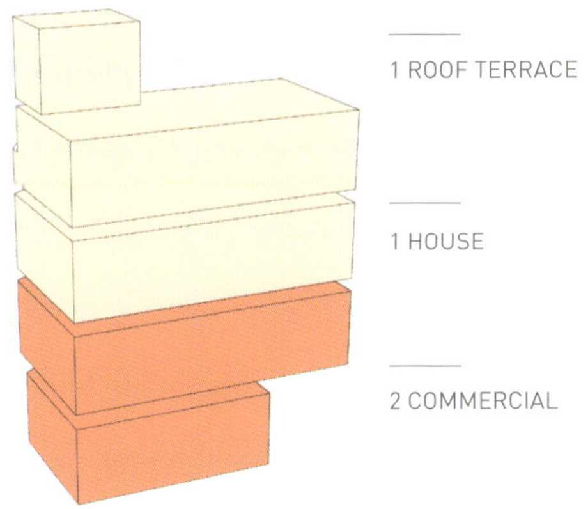

FLEXIBLE TYPE 1

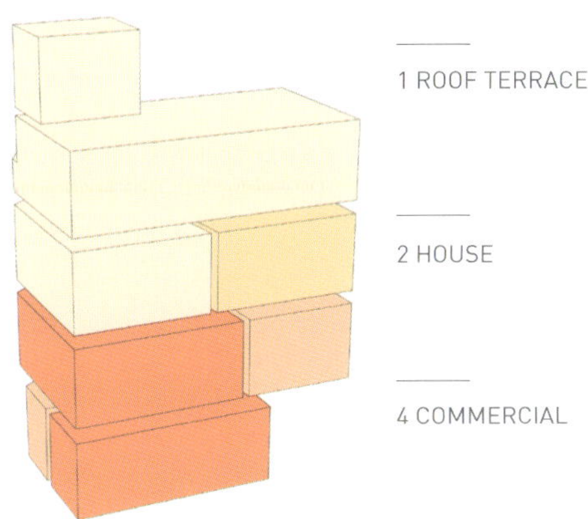

FLEXIBLE TYPE 2

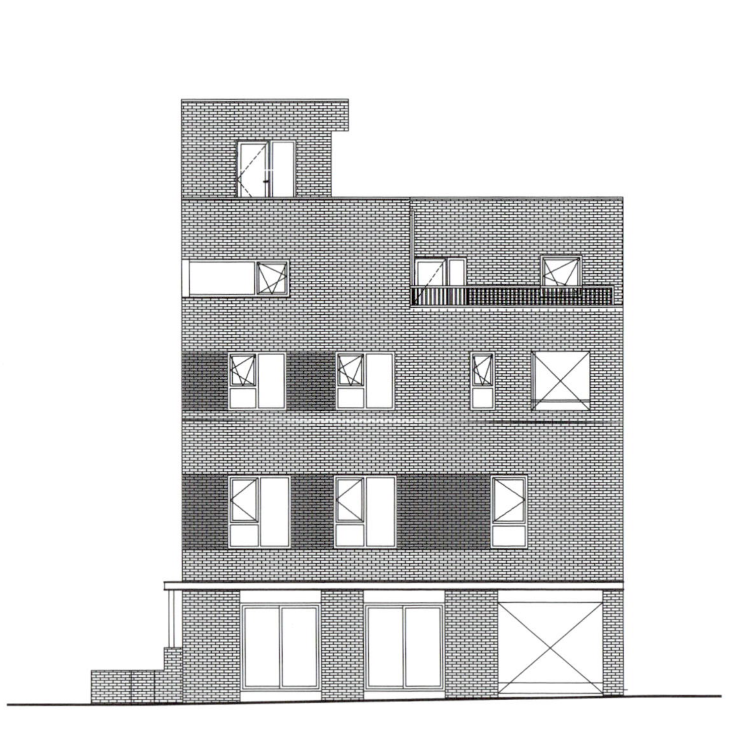

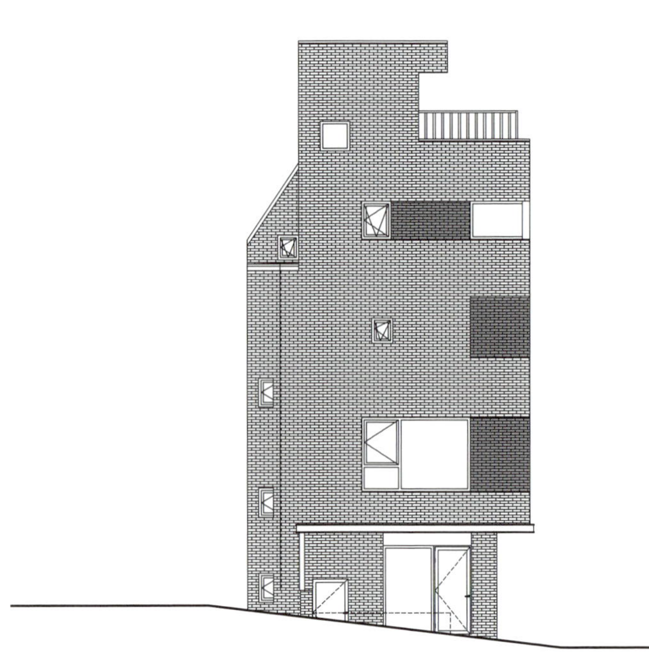

ELEVATION

대지위치 서울시 종로구 누상동 | **대지면적** 99.86㎡(30.26평) | **건물규모** 지상 4층 | **건축면적** 59.81㎡(18.12평) | **연면적** 199.45㎡(60.43평) | **건폐율** 59.89% | **용적률** 199.73% | **주차대수** 2대 | **최고높이** 11.17m | **공법** 기초 – 철근콘크리트 / 지상 – 철근콘크리트 | **구조재** 철근콘크리트 | **지붕재** 컬러강판 | **단열재** 비드법보온판 | **외벽마감재** 점토벽돌 | **창호재** 시스템창호 엔썸 | **설계** 건축사사무소 삼간일목 | **시공** 바로세움 02-384-2711 | **총공사비** 약 3억원(조명, 위생기구, 가구 별도)

INTERIOR SOURCES

내벽 마감 실크벽지 ｜ **바닥재** 온돌마루(한솔데코) ｜ **욕실 및 주방 타일** 자기질타일 ｜ **수전 등 욕실기기** allin3(세비앙) ｜ **주방 가구** 하이그로시 마감 ｜ **조명** 을지로 조명 ｜ **계단재** 자기질타일 ｜ **현관문** 철제문 ｜ **방문** 합판 위 도장 ｜ **붙박이장** 하이그로시 마감

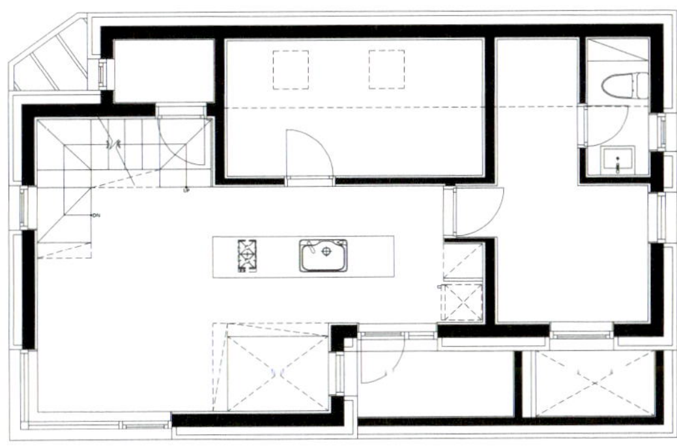

PLAN - 4F

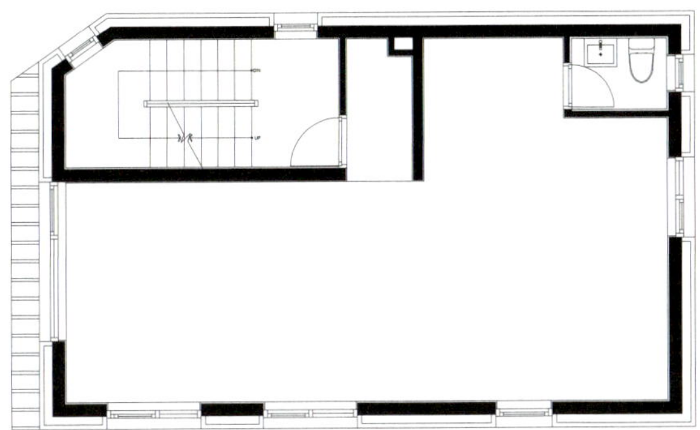

PLAN - 2F

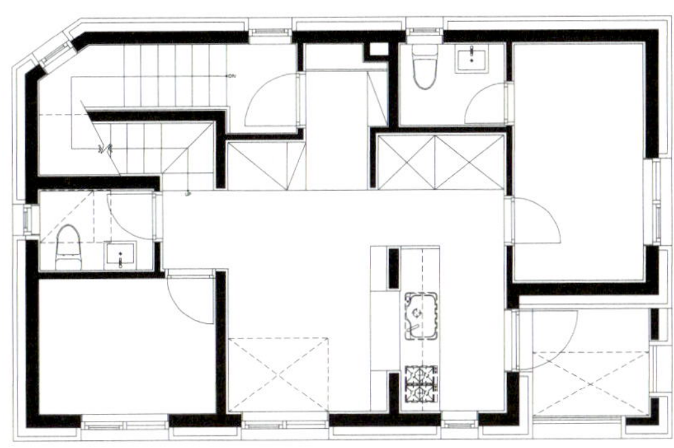

PLAN - 3F

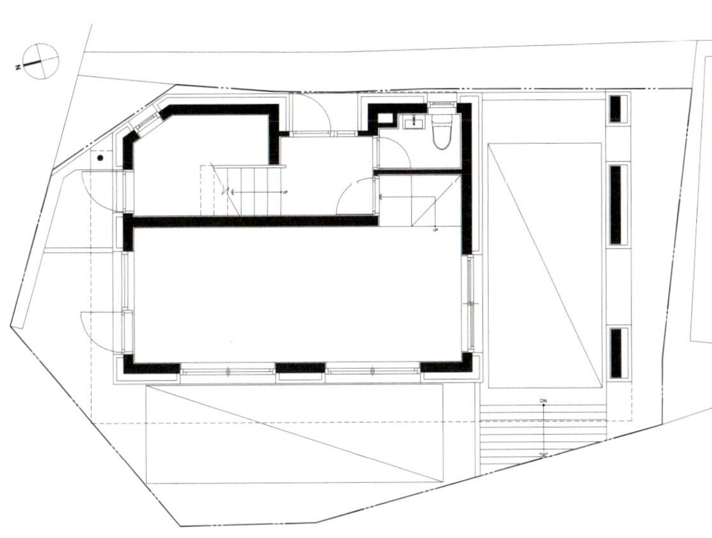

PLAN - 1F

MAPLE HOUSE

—

송추 단풍나무집

송추 단풍나무집은 소나무와 가래나무가 많아 '송추(松楸)'로 불리던 송추계곡 인근에 위치한다. 근처에서 식당을 운영했던 건축주는 계곡 훼손을 막기 위해 조성된 집단이주시설 택지를 분양받아 3층 규모의 상가주택을 짓기를 원했다. 평생을 자연과 벗하며 살아온 건축주는 옛 식당 근처에 있던 단풍나무를 옮겨 심고, 가족처럼 키워온 반려견 진돌이와 함께 살고자 했다. 그러나 똑같은 크기로 개성 없이 구획된 집단이주시설은 소비와 향락에 찌든 안타까운 도시 모습을 그대로 답습하게 될 것이 자명했다. 그곳은 40채가 넘는 상가들이 서로 경쟁해야 할 어수선한 상업시설 사이에서 주거시설이 양립해야 하는 땅이었다.

적절한 임대면적을 확보하면서 송추계곡의 자연을 담을 수 있도록 하는 것이 과제였다. 상가의 인지성을 잃지 않으면서 '집'이라는 이름으로 공존해야 하는 건축적 장치가 필요했다. 이를 해결하기 위해 도로 전면은 상가처럼, 북한산 둘레길로 이어지는 후면도로변은 집처럼 보이도록 계획했다.

　　　　단풍나무집에 사계절이 아름다운 송추의 풍경을 모두 담기에는 펼쳐진 자연이 너무 넓고 자유로웠다. 그래서 집 안에서 바라보는 고정된 자연이 아니라 동적인 움직임을 통해 다채로운 풍경을 담을 수 있도록 연출하고자 했다. 3층 집에 오르는 계단을 밖으로 돌출시키고 방향을 여러 번 꺾어 길처럼 느껴지도록 하고, 일상의 동선 속에서 다양한 풍경을 만날 수 있도록 했다. 자연과 교류하며 살아온 가족들의 정서를 반영하기 위해 마당에 있는 단풍나무와 진돌이를 계단을 오르내리면서 볼 수 있도록 그 모양과 위치를 고려했다.

　　　　계단을 천천히 올라 북한산과 마주한 채 서 있는 현관문을 열면 처음 만나는 공간이 '하심정(下心亭)'이라는 누마루다. 계단이라는 길을 통해 만났던 자연이 내부로 들어와 불현듯 단절되지 않도록, 안과 밖 경계의 의미를 갖는 정자와 같은 공간을 연출했다. 하심정은 풍경을 품기 위한 동적인 움직임과 집 내부에 비칠 수동적 풍경 사이의 전이 공간인 셈이다. 또한, 하심정이 시각적인 장치로만 머무르지 않도록, 송추계곡을 향해 흐르는 바람이 원활하게끔 맞통풍으로 계획하여 자연스러운 공기의 흐름을 유도했다. 이렇듯 전통적인 우물마루 형태의 하심정은 평생 장사를 해왔던 건축주를 위한 공간이자 자연과 바람이 드나드는 비움의 공간이다.

집 안에서 자연의 능선과 빛을 품는 건축적인 방법으로 남향 창호의 개방감을 극대화하고 코너의 틈을 열었다. 거실 천장은 3.5m로 높게 하여 햇빛과 수려한 풍경이 조망되도록 했고, 주방 창은 수평으로 길게 내어 싱크대 앞에서 공연장과 산을 한눈에 바라볼 수 있게 했다. 다락방 천창은 창호 프레임이 보이지 않도록 설치하여 자연과 더욱 가깝게 조우하도록 했다. 다락방에서 문을 열고 지붕으로 나가면 파노라마처럼 펼쳐지는 자연의 모습이 한눈에 들어오는 툇마루가 나타난다.

단풍나무집은 사람이 자연을 품는 방법도 중요했지만, 최대한 자연스럽게 집이 자연에 담기는 방법이 더욱 중요했다. 상가와 집이 공존해야 했던 이유처럼 집단이주시설 내 건물이 송추계곡의 이방인이 되어서는 안 된다. 가능한 자신의 존재를 드러내지 않기 위해, 하얀 스터코로 마감한 단순한 사각의 매스에 단풍나무 색과 같은 붉은 벽돌로 감싸 집을 감추었다. 땅에서부터 지붕 다락방을 향해 오르는 사선의 외피가 자연을 향해 자신을 드러내는 유일한 방법이다. 단풍나무 집은 빽빽하게 들어설 집단이주시설에서 마음을 내려놓듯 자신을 내려놓아 비움의 여유를 만들었다.

—

강영란 글   정광식 사진

리의 미래!
Our Future!

대지위치 경기도 양주시 장흥면 | **대지면적** 324.90㎡(98.28평) | **건물규모** 지상 3층 | **건축면적** 193.98㎡(58.68평) | **연면적** 520.31㎡(157.39평) | **건폐율** 59.70% | **용적률** 160.14% | **구조재** 철근콘크리트 | **외벽마감재** 스터코, 벽돌, 적삼목 | **설계** 아이디어5아키텍츠(강영란, 김민정, 김영훈, 장성희, 정경미) | **시공** 코아즈건설㈜ | **건축비** 3.3㎡(1평)당 310만원

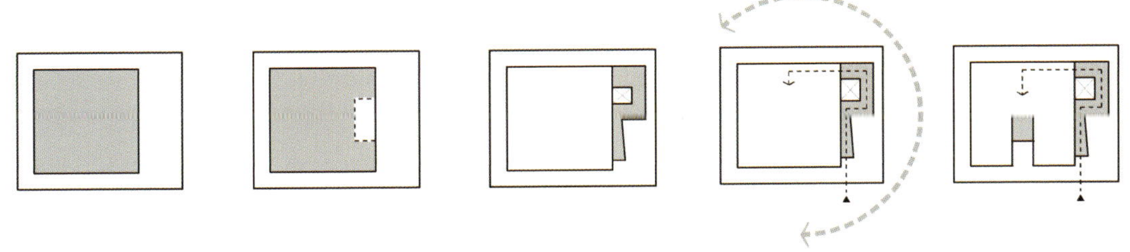

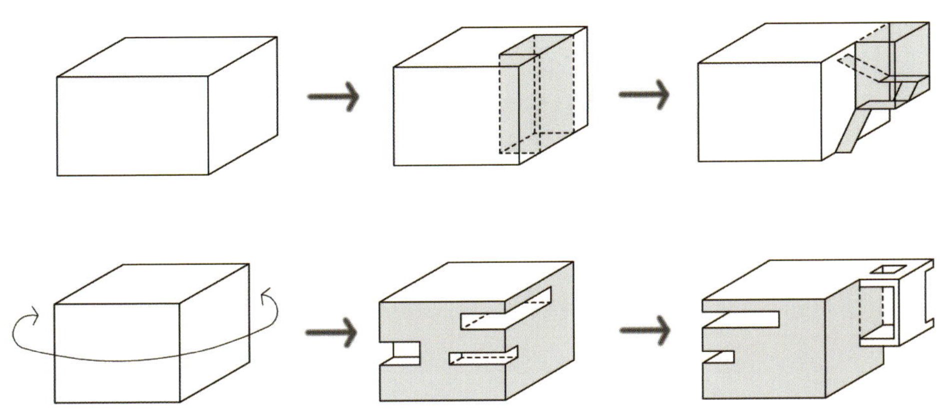

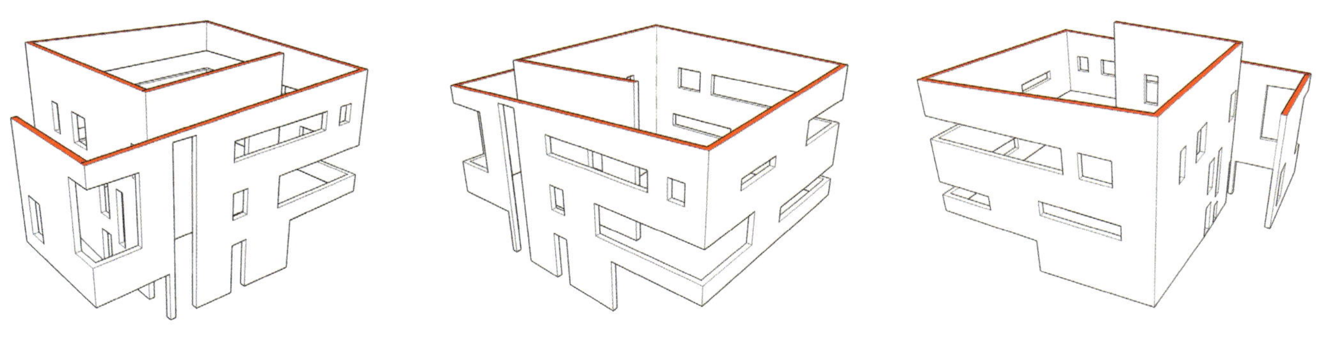

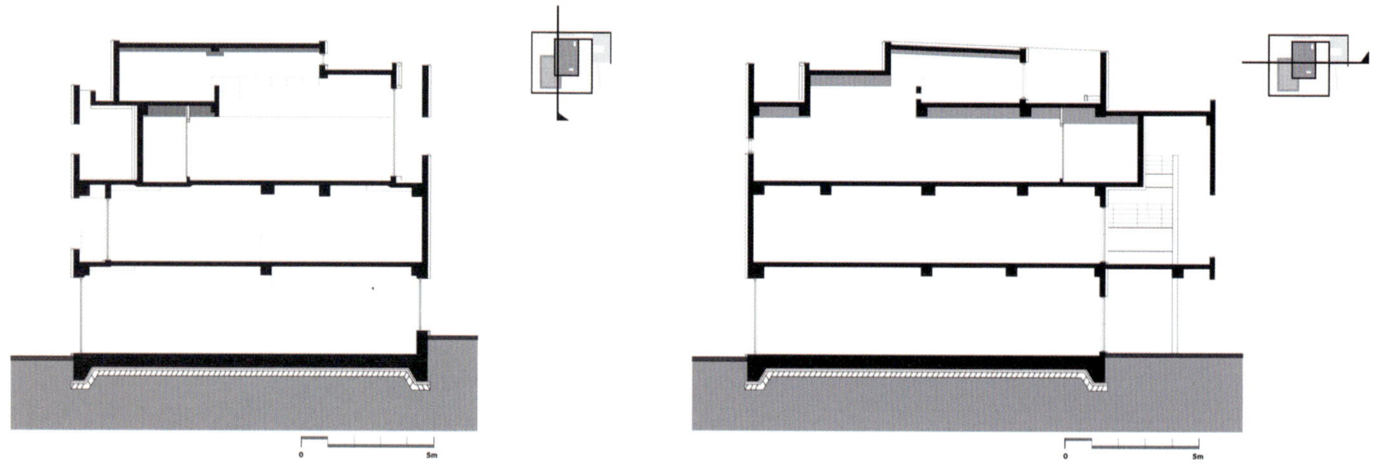

SECTION

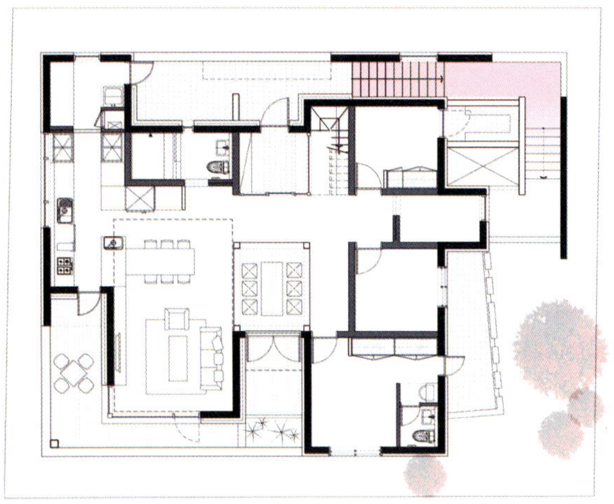

PLAN - 3F

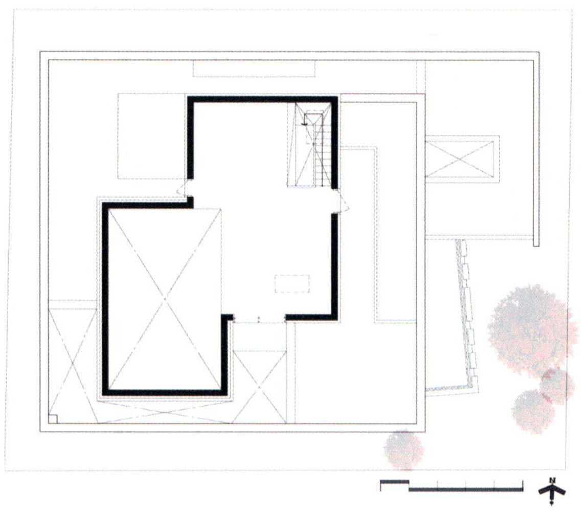

PLAN - ROOF

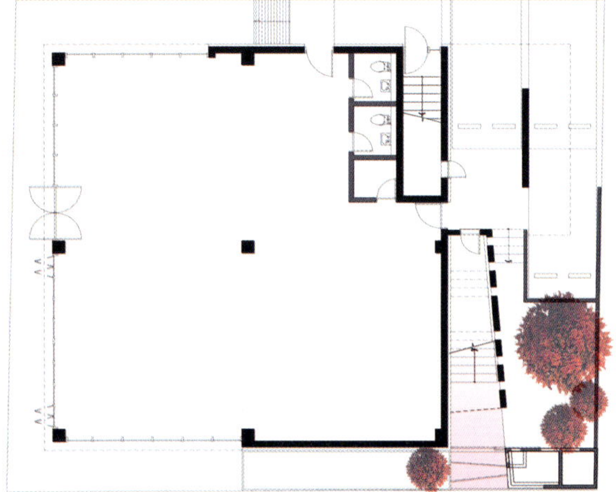

PLAN - 1F

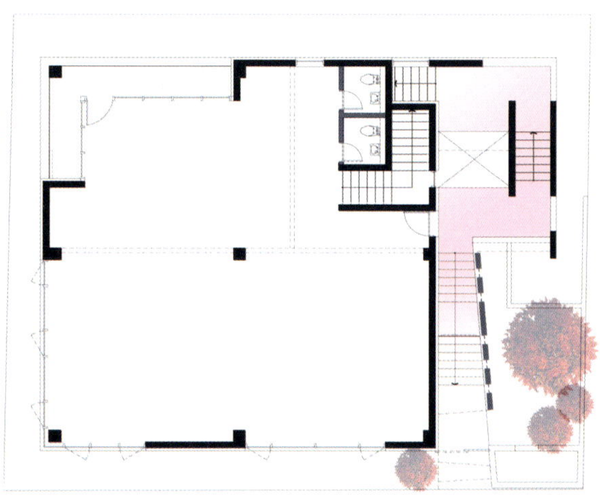

PLAN - 2F

MAISON K

—

망원동 메종 K

30년은 되어 보이는 낡은 주택과 건물들이 모여 있는 골목을 걷다 보면, 사거리 모퉁이에 새 얼굴의 5층 상가주택이 등장한다. 네모 반듯한 입면의 시멘트 건물들과 달리, 하얀색 외장에 골목을 향해 열린 3, 4, 5층 테라스가 있는 주택 외관이 무표정한 도시 풍경에 활기를 더한다.

　　　이 집에는 두 가지 풍경이 있다. 안에서 바깥으로 내다보는 도시의 풍경과 주변과 어우러져 만들어내는 건물의 모습이다. 이 두 가지 풍경 안에서 집주인과 이웃이 서로 소통하며 살아가는 또 하나의 풍경을 만들어낸다.

사거리 도로에 면해 있는 192.50㎡(약 58평)의 대지는 원래 낡은 2층 단독주택이 있던 자리다. 1층은 5평 남짓한 상가 2곳을 임대하고 있었고, 2층은 자녀 둘을 둔 건축주 부부가 살고 있었다. 대지를 팔아야 할지 개발을 해야 할지 고민하던 건축주는 결국 상가주택을 신축하기로 했다.

인테리어 사업을 하는 건축주 부부는 건축가와 함께 살고 싶은 공간에 대해 상의하고 설계하는 데만 꼬박 두 달이 걸렸다. 세심하게 기획된 상가주택 지하 1층에는 건축주 부부의 사무실을 두고 나머지 상가 한 군데는 사무실로 임대했다. 지상 1층에는 상가 3개를 임대하여 쿠키 숍, 공인중개사, 인테리어 소품 숍이 들어섰는데, 대부분 어려서부터 쭉 이 동네에 살아온 사람들이 가게 주인이다. 2층과 3층에는 '메종 K'라는 이름의 원룸 10개를 임대하여 운영한다. 4, 5층은 건축주 가족이 거주하는 살림집으로, 두 아들이 모두 독립하면 계단실 입구에 벽을 세워 5층 거주공간을 분리하여 임대할 수 있도록 설계했다.

건축주 가족이 사는 상층부는 면적이 크지 않지만 실 구성이 단순하고 공간이 사방으로 열려 있어 답답하지 않다. 단독주택 같은 집을 원한다는 건축주의 요구에 따라 전원 속 마당 있는 집처럼 느낄 수 있도록 멀리 성미산 풍경이 보이는 위치에 창문과 테라스를 냈다. 특히 4층 거실과 안방으로 이어진 테라스 정원에서는 주변 풍경이 한눈에 들어온다. 이곳에서 건축주 가족은 테이블에 앉아 차를 마시며 대화를 나누기도 하고, 가끔 까치나 참새가 날아와 쉬어가기도 한다.

5층에는 자신들만의 공간을 갖고 싶다던 아이들 방 2개와 그사이에 작은 가족실을 두었다. 아이들 방의 벽면에는 아이들이 직접 선택한 색으로 페인트칠하고, 건축주 부부가 디자인해 주문 제작한 가구로 적절한 수납을 통해 공간 활용을 최대화할 수 있도록 했다. 전체적인 인테리어는 심플한 화이트를 기본으로 편백나무, 자작나무 등 다양한 목재를 적절히 섞어 포인트를 주었다.

주택의 외관은 3층부터 층층이 생기는 테라스의 구성과 내부 실들의 리드미컬한 배치로, 바라보는 각도에 따라 다양한 얼굴을 보여준다. 무엇보다 신축 건물인데도 혼자 도드라지지 않고 주변의 오래된 주택, 건물들과 조화를 이루어 밝고 열린 분위기의 도심 속 동네 풍경을 완성한다.

테라스에서 차를 마시던 집주인이 지나가는 이웃에게 손을 흔들고, 1층 쿠키 숍에서 커피를 사는 손님이 주인과 아침 인사를 주고받는 일상. 집을 지은 건축주의 바람처럼 내 집이지만 이웃과도 잘 어우러지는 그런 집이다.

—

조고은 글　　김재윤 사진

심령 부흥 축복성회
재: 크고 비밀한 일을 네게 보이리라.
대한예수교 풍성한교회
장 로 회
가족꽁
아파트,상가,주택매매,전
로또
슈퍼

제넥스학원
제넥스학원
cafe 24.5
전용/시공
리폼
샘플
실
eco
ECO-TEK
(주)에코테크
가족처럼 모시겠습니다.
T.338-7189

가족공인중개사
사무소
T.338-1189
아파트.상가.주택매매.전·월세 가족부동산
가족처럼 모시겠습니다.

··· HOUSE PLAN ···

대지위치 서울시 마포구 망원동 467-27 | **대지면적** 192.50㎡(58.23평) | **건물규모** 지하 1층, 지상 5층 | **건축면적** 110.14㎡(33.32평) | **연면적** 482.39㎡(145.92평) | **건폐율** 57.22% | **용적률** 195.86% | **주차대수** 4대 | **최고높이** 17.38m | **공법** 기초 – 팽이기초 + MAT SLAB / 지상 – 철근콘크리트 | **구조재** 철근콘크리트 | **지붕재** ALUDEX | **단열재** 비드법보온판 | **외벽마감재** ALUDEX, STO 실리콘플라스터 | **창호재** LG하우시스 시스템창호 | **계획 및 실시설계** ㈜리슈건축사사무소 | **시공** ㈜시온건설, 전승환 실내건축 | **건축비** 3.3㎡(1평)당 400만원

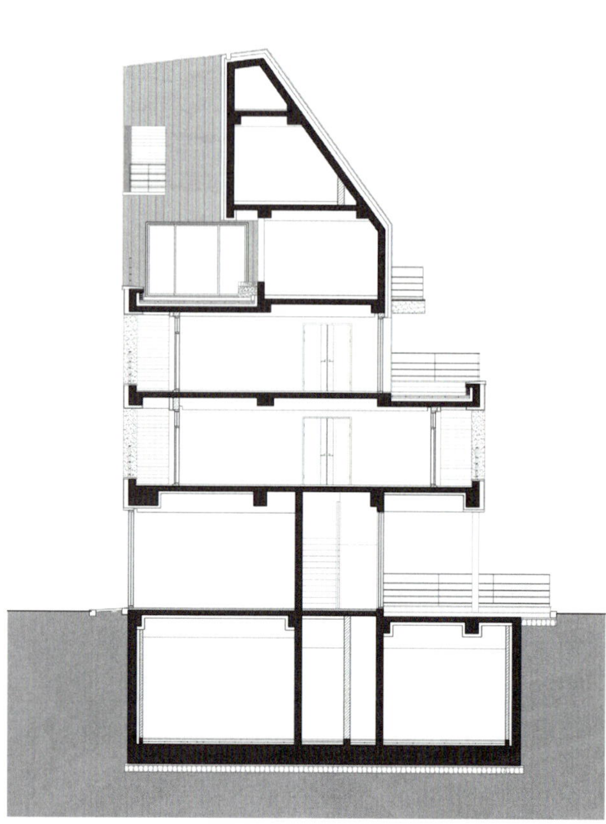

SECTION

INTERIOR SOURCES

내벽 마감 LG벽지, 페인트 | **바닥재** 강화마루, 우드데코타일 | **욕실 및 주방 타일** 상아타일 | **수전 등 욕실기기** 대림바스 |
주방 가구 주문제작 | **조명** 공간조명 | **계단재** 폴리싱타일 | **현관문** 제일방화도어 | **방문** ABS도어 | **붙박이장** 주문제
작 | **데크재** 방부목

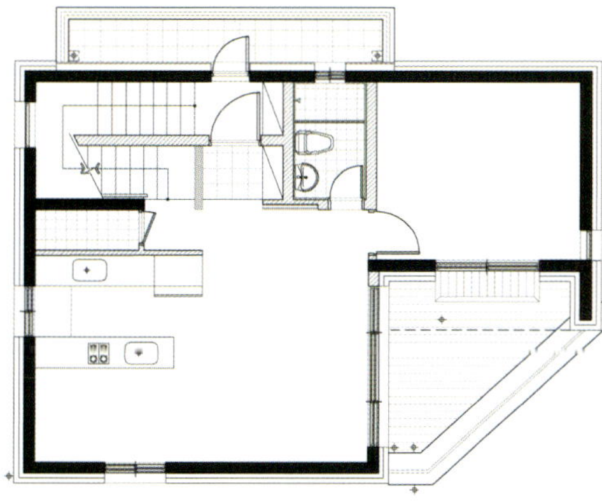

PLAN - 4F

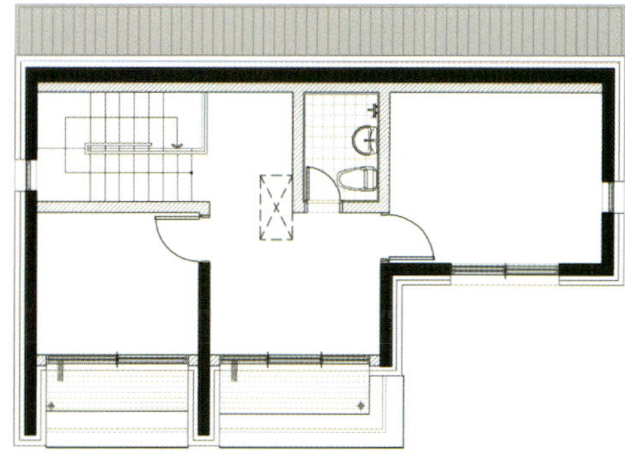

PLAN - 5F

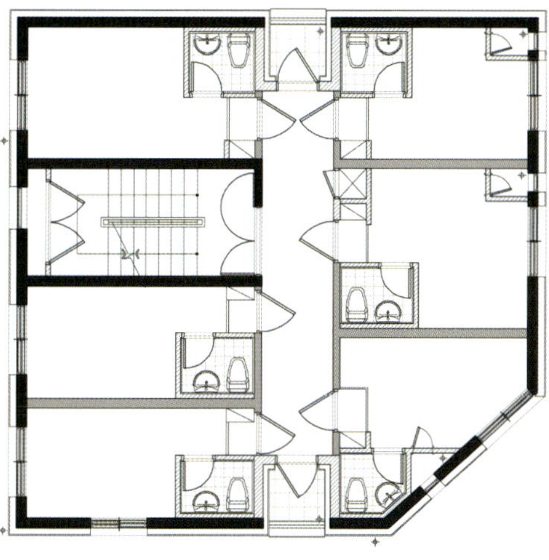

PLAN - 2F

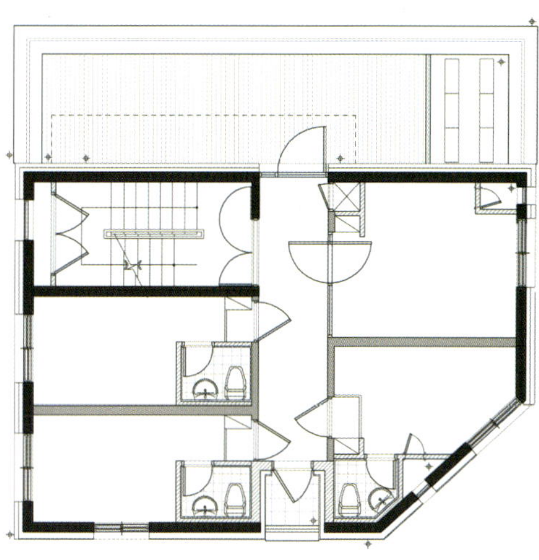

PLAN - 3F

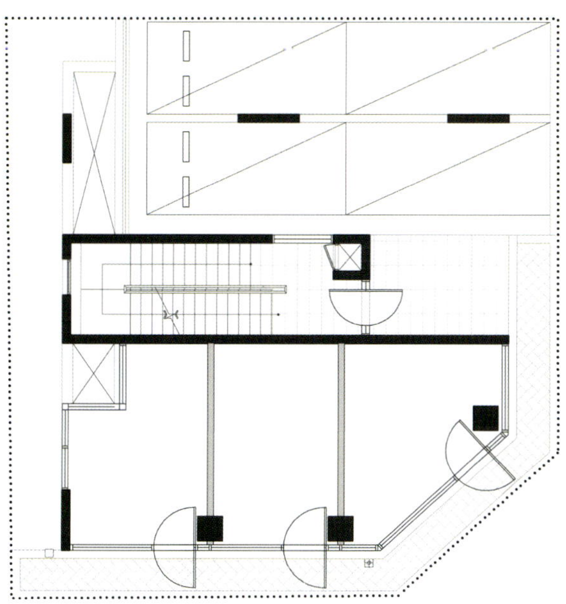

PLAN - 1F

ICON HOUSE

—

내유동 아이콘하우스

아파트 평면이 은연중에 한옥의 공간 구조를 반영해 왔다는 것은 잘 알려진 사실이다. 한옥은 중앙의 마당 공간을 중심으로 방들이 배치된다. 아파트에서는 무의식적이건 의식적이건 마당을 대신하는 거실을 중심으로 각방들이 한옥의 공간과 비슷하게 연결되어 있다. 이러한 한국의 아파트 평면은 거창한 전통의 계승도 아니고 최근 유행하는 한옥과도 상관없다. 단지 '건축가 없는 건축'이라고 불리는 건축물에서 과거의 기억이 갖는 힘이 얼마나 큰지 보여주는 사례이다.

우리는 최근에야 새로운 서구적 평면들을 만들고 있다. 이제 거실은 입구 옆에 독립된 공간으로 배치되고, 거실로부터 긴 복도를 통해서 각 방이 연결된 평면 구조를 가진다. 이런 평면은 우리가 더는 과거의 공간에 연연하지 않는다는 것을 의미한다. 그러나 긴 복도로 상징되는 이러한 구조는 공간의 낭비가 따른다. 프라이버시를 보장하는 만큼 그만한 대가가 수반된다.

처음 이 서울 외곽의 다세대 주택을 설계하며 든 가장 큰 고민은 위와 같은 공간 구조에 대한 생각이었다. 여기에 실질적인 건축주로서의 역할을 한, 지역 분양업체의 요구사항이 더해졌다. 80㎡(24.5평) 크기에 방 세 개를 갖는 평면을 어떻게 구성해야 좋을지 먼저 결정해야 했다.

고전적인 평면은 공간의 손실은 최소화한 대신 마치 한옥의 그것처럼 배치된 것이었고, 변경된 평면들은 좀 더 난해한 구조들로 공간적 낭비도 심했다. 이 평면들을 타산지석 삼아 다음과 같은 결론에 도달했다. 기존 평면에서 크게 벗어나지 말 것. 그러나 조금씩의 미묘한 변형으로 새로운 평면형을 만들 것. 평범한 다세대 주택으로 보이는 이 평면은 이런 고민에 근거한 결과물이다.

각 방들은 바로 중앙부의 거실과 연결되지 않는다. 그렇다고 긴 복도를 용인할 수도 없었다. 대신 최소의 복도를 갖고 여기에 모든 실이 연결된다. 각 실에 조금이라도 독립성을 주고자 한 결과다. 거실 및 주방·식당은 남북으로 관통된 일반적인 공간 질서를 유지하나, 거실의 끝에 서재로 또는 창고로 사용할 수 있는 부속공간을 설치했다. 1.3×1.3m의 매우 작은 공간이지만 필요에 의해서 여러 목적으로 사용될 수 있다. 또한, 거실 폭 3.5m의 제한을 공간적으로 좀 더 확장해서 작은 집이 갖는 한계를 극복한다.

이와 비슷한 공간 장치는 주방 쪽에도 있다. 평면적으로 L자형의 주방은 L자 모양의 창문을 통해서 그 개방성을 최대한 확보하면서 거실로부터 시작된 시선이 식당 너머 바깥 공간까지 확장되도록 했다. 주방의 작업공간은 실내와 실외를 연결하는 곳이자 주부들이 즐거운 가사노동을 할 수 있는 공간이 된다. 여기에 거실의 작은 서재처럼 다용도실을 연결해 마련하고, 이 부분이 다시 주방의 공간 폭을 편안하게 증가시키도록 했다.

이 집은 실내 벽체를 단 몇 ㎝를 이동하는 것도 매우 힘들었다. 건축주의 수익을 무시할 수 없는 작은 주택의 평면과 공간을 만든다는 것은 쉽지 않은 작업임이 틀림없다.
　　　　건축가는 항상 좀 더 새로운 평면과 도전적인 공간을 만들기를 바란다. 하지만 그것은 지금까지 누적되어온 시행착오의 결과물로 만들어진 것에 매우 작은 무엇인가를 더 보태는 일이다. 그리고 그 일이 얼마나 어려운 것인가를 깨닫게 해준다.

—

민규암 글　토마건축사사무소 사진

대지위치 경기도 고양시 덕양구 내유동 | **대지면적** A동 – 511㎡(154평) / B동 – 457㎡(138평) | **건물규모** 지하 2층, 지상 4층 | **건축면적** A동 – 181.78㎡(55평) / B동 – 181.78㎡(55평) | **연면적** A동 – 806.98㎡(244평) / B동 – 753.97㎡(228평) | **세대당 연면적** 81.8㎡(24.8평) | **세대수** 19세대 | **건폐율** A동 – 35.57% / B동 – 39.78% | **용적률** A동 – 98.92% / B동 – 99% | **주차대수** A동 – 10대(1대는 장애인 주차장) / B동 – 9대 | **최고높이** A동 – 13.95m / B동 – 13.96m | **공법** 철근콘크리트(지하 2층 – 라멘구조 / 지하 1층~옥탑 – 벽식구조) | **구조재** 철근콘크리트 | **지붕재** 철근콘크리트 | **단열재** 비드법 2종3호 가등급 | **외벽마감재** 전체 – 드라이비트 스터코 / 일부 주차장 출입구 부분 – 미장스톤 | **창호재** 거실. 식당 – 윈체 PVC 시스템창호 / 그 외 – 윈체 PVC 이중창 | **내벽마감재** 실크벽지 | **바닥재** 강화마루 | **설계담당** 토마건축사사무소 정영석. 정진욱 | **설계** 토마건축사사무소 민규암 | **시공** 흥안종합건설

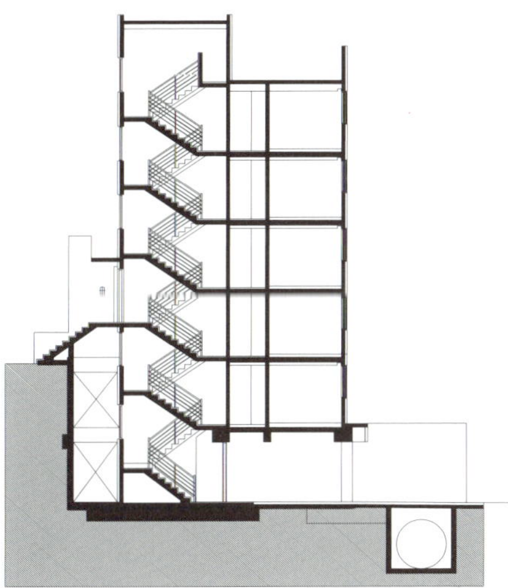
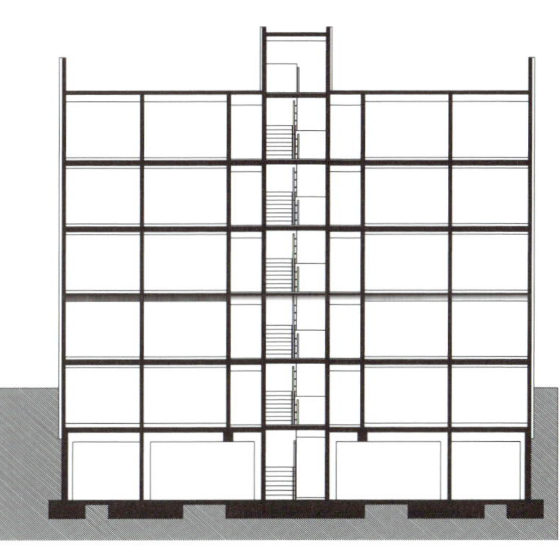

SECTION

INTERIOR SOURCES

내벽 마감 DID벽지, 삼화페인트, 금강디자인개발 래핑몰딩 | **욕실 및 주방 타일** 주방 – 600×200 자기질타일, 욕실 – 600×300 자기질타일 | **수전 등 욕실기기** 동서 이누스 : 투피스 양변기 C732/T733, 세면대(긴다리용) L959, 세면대 수전 H0310/G0114, 샤워 수전 G0130, 악세사리 5품(효진) | **조명** 창신전기조명 : 방 – 크린 원형방등 Ø615, 거실 – 패브릭 웨이브(800×600), 할로겐 매립등 HL Ø75, 주방 – 크린 사각등(100×980) | **바닥재** 한솔 참마루 LOCK ECO OAK | **주방 기기** 넥스 주방가구 | **현관문** 동방노보펌 FC–G736 | **방문** 금강디자인개발 멤브레인 래핑도어 | **계단재** 600×300 자기질타일

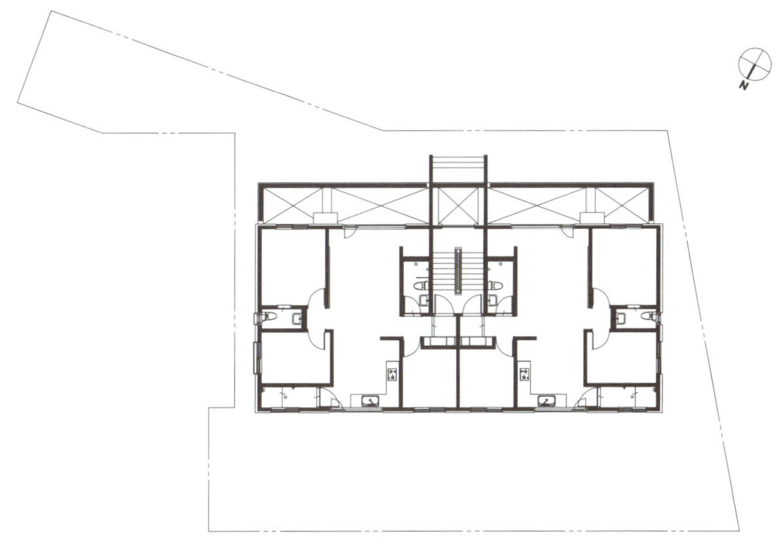

A TYPE PLAN - 1F

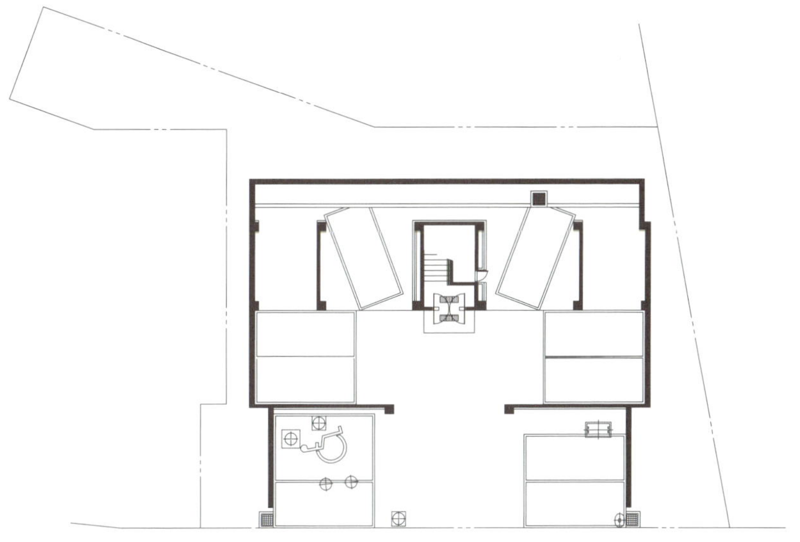

A TYPE PLAN - B2F

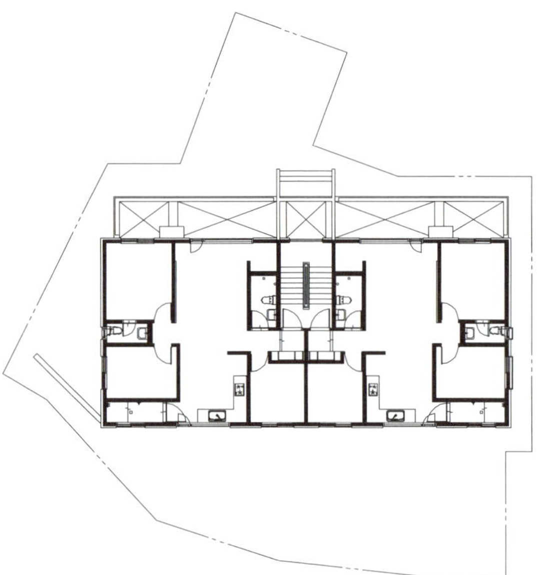

B TYPE PLAN - 1F

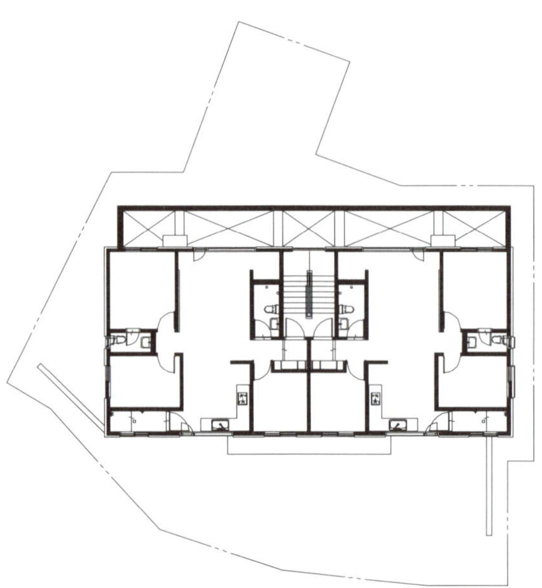

B TYPE PLAN - B1F

YENE HOUSE

—

광교 상가주택 예네 하우스

근래 광교신도시의 택지지구는 소형 건축의 전시장 같은 모양새를 뽐낸다. 도시계획에 의해 큰 차이 없이 분할된 택지에 규정에 따른 높이와 면적의 건물들이 들어섰다. 예네 하우스의 현장인 광교지구 택지개발지구 내 단독 9구역에 세워진 다세대 주택 건물들은 규정을 벗어나지 않으면서 존재감을 확보하기 위해 저마다 저돌적으로 단장된 외관을 갖추고 있다.

예네 하우스는 다른 방식으로 시선을 뺏는다. 조용한 외관으로 기억되는 건축물이다. 크고 작은 창문의 극단적 대비도, 이질적 질감의 혼재에 의한 강조도 배제한 차분함이 이 건축물의 특징이다. 또한, 광교신도시 택지지구에서 시선의 쉼표로서 기능하고 있다.

　　　　건물은 세 면이 도로에 접하고 한 면은 보행전용 인도에 접한다. 이러한 요건이 건축가에게는 난도 높은 과제가 된다. 우리는 모든 면을 정면처럼 다루었다. 모든 입면에 같은 크기의 창문이 반복적으로 사용되었으며, 사면이 비슷한 비례를 갖는 정육면체의 완결된 형상으로 계획하였다. 그런데도 건축물은 보는 이의 눈에 지루하게 느껴지지 않는다. 지붕의 선은 위트 있는 각도로 비틀어져 있고, 그렇게 함으로써 잔잔하면서도 생경한 긴장과 리듬을 획득할 수 있었다. 선뜻 눈에 띄지 않는 디테일에서 건물의 완성도가 나오는 것이다.

우리는 주택 수요자의 욕망이 소유 개념에서 주거 개념으로 방향을 바꾸고 있는 흐름을 예네 하우스 내부 디자인에 반영했다. 거주자들에게 안락함과 즐거움이라는 정서를 시각적으로 제공하기 위해 계단, 옥상 등의 공용 공간에 그래픽 디자인 요소를 도입, 적용했다. 광교신도시는 말 그대로 신도시이기 때문에 지역 원주민보다는 다른 지역에서 유입된 이주민 인구가 많을 수밖에 없다. 이는 내부 설계에 유머를 불어넣은 이유이다.

예네 하우스는 면적에 비해 복합적인 기능이 요구되는 프로젝트였다. 1층은 상가, 2층과 3층은 주택, 4층은 게스트하우스로 운용되고 있다. 이러한 건축주의 계획이 설계의 밑그림이 됐다. 게스트하우스로 운영되는 4층은 주거와 상업이라는 두 가지 건축 분야를 동시에 충족시킬 수 있도록 설계했다. 객실 수를 늘리는 것보다는 함께 즐길 수 있는 커뮤니티 공간에 초점을 맞추어 설계가 진행되었다.

공동 사용공간인 거실과 주방, 옥상 공간에는 본연의 기능에 '교류'와 '추억'이라는 두 가지 모티프를 덧붙였다. 독특한 지붕 디자인은 외관의 뿐 아니라 두 개의 다락을 위한 공간이 생겼다는 걸 의미했다. 평면 중앙의 코어(엘리베이터와 계단실)를 사이에 두고 거실과 다락 한 칸은 커뮤니티로, 건너편 공간은 취침 공간으로 쓰일 수 있도록 배치했다.

180㎡ 정도의 면적에 게스트룸은 4개밖에 안 되는 작은 규모로 운영되지만, 다락과 옥상 및 테라스에 해먹과 행잉체어 등을 설치하여 재미있는 요소를 더하고, 예네 하우스의 마스코트인 사모예드가 입구에서 반겨줄 수 있게 건물을 단순화하여 축소한 개집도 만들었다.

전체적인 건물 디자인에 생기를 더해주는 것은 건물 내외부 곳곳에 적용된 라임색의 포인트 컬러이다. 철판, 페인트, 벽지, 컬러유리, 패브릭과 소품 등 모두 다른 재질이지만 공통된 컬러 코드를 사용함으로써, 건물이 일관된 이미지를 갖도록 하였다.

—

김도란·류인근·신현보 글   디자인밴드요앞 사진

HOUSE PLAN

대지위치 경기도 용인시 상현동 | **대지면적** 287.40㎡(87.09평) | **건물규모** 지상 4층 | **건축면적** 157.84㎡(47.83평) | **연면적** 431.04㎡(130.61평) | **건폐율** 54.9% | **용적률** 149.9% | **주차대수** 5대 | **최고높이** 14.35m | **공법** 기초 - 철근콘크리트 매트기초 / 지상 - 벽식구조 | **구조재** 철근콘크리트 | **지붕재** 칼징크 | **단열재** THK120 압출보온판 가등급 1호 | **외벽마감재** 고벽돌(화이트), 청고벽돌 | **창호재** LG Z:in PVC 이중창 | **설계** 디자인밴드 요앞 | **시공** 예림종합건설 | **총공사비** 약 7억2천만원

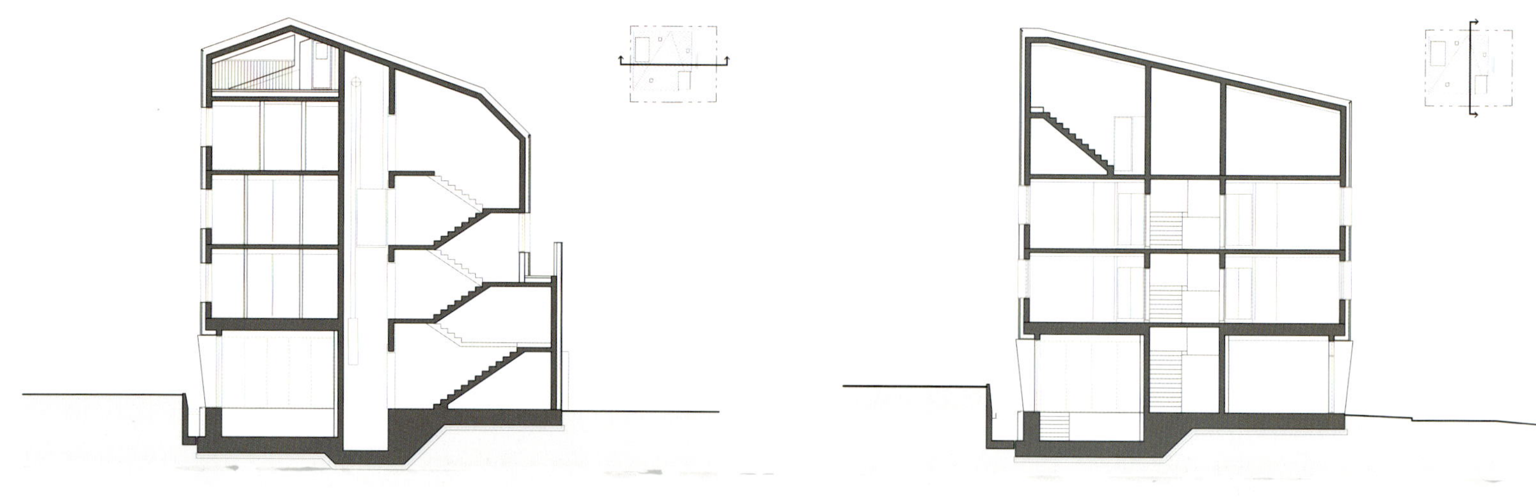

SECTION

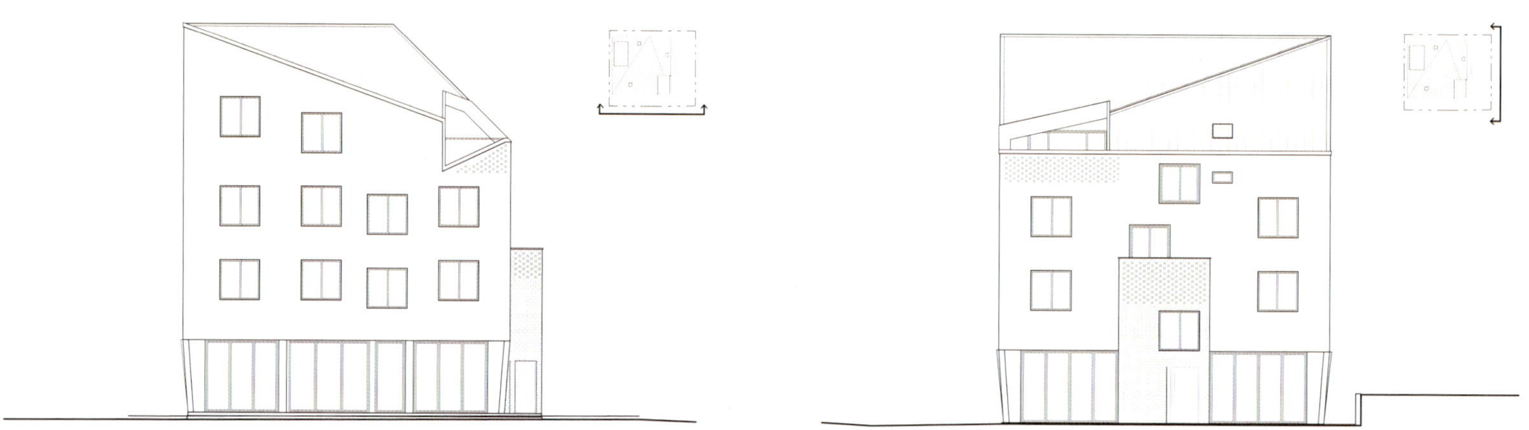

ELEVATION

광교호수로 378번길
4-25
401 Return
301 302
201 202

PULL
4-25

내벽 마감 임대세대 – 합지 / 게스트하우스 – 신한벽지 | **바닥재** 임대세대 – 데코타일 / 게스트하우스 – 한솔 강마루 | **수전**
등 욕실기기 inus | **주방 가구** 제작 | **조명** LED 매입등 | **계단재** 콘크리트 계단 위 투명 에폭시 마감 | **방문** 예림도어 |
붙박이장 제작

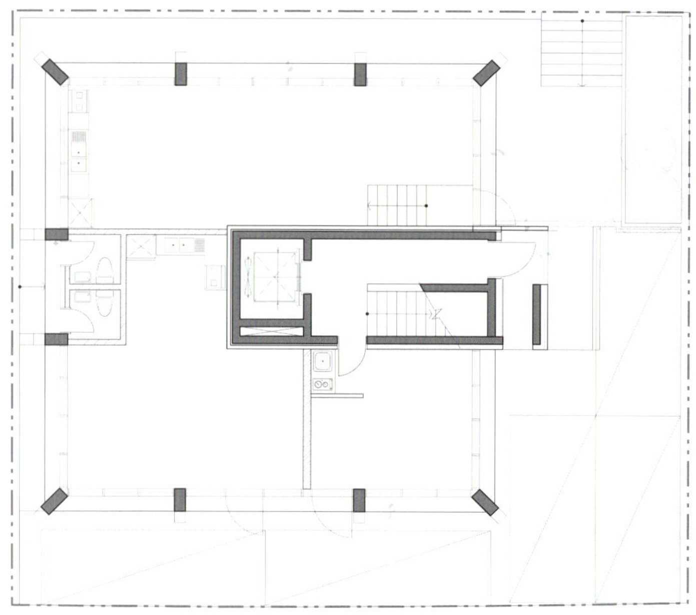

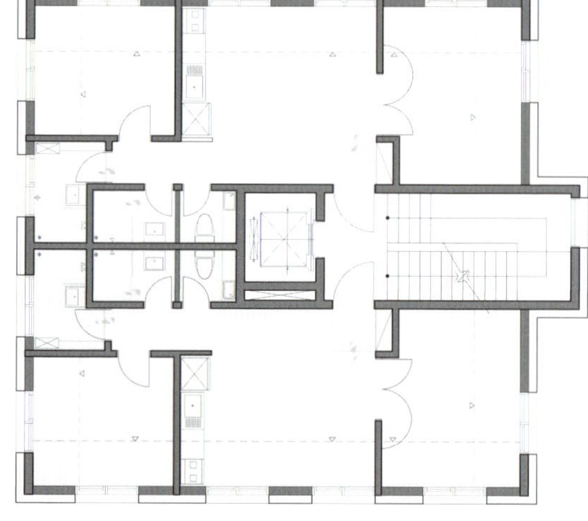

PLAN - 1F

PLAN - 2F

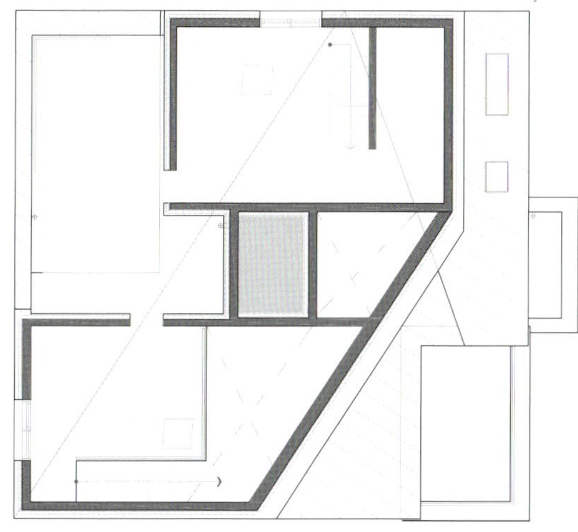

PLAN - ATTIC

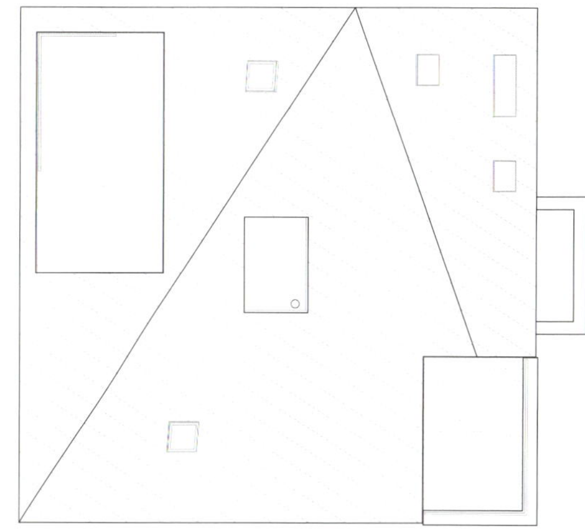

PLAN - ROOF

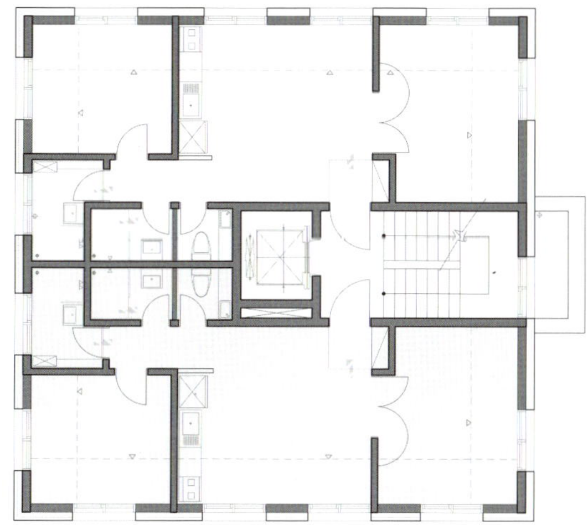

PLAN - 3F

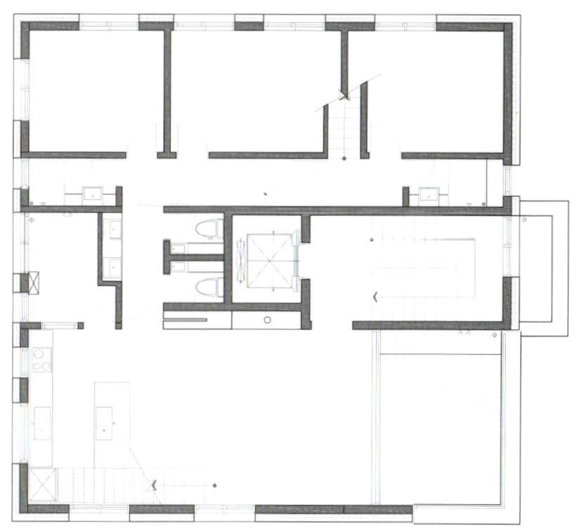

PLAN - 4F

CHANGJO SPACE

—

창조공간

서울에는 아직 골목골목에 숨어 있는 소형 단독주택들이 적지 않다. 그 골목 깊숙이까지 재건축 열풍이 불고 있다. 집주인들은 자신의 집을 헐고 대부분 다가구 또는 다세대 주택을 신축한다. 대부분 건축가가 아닌 동네 집장사들에게 맡겨 주먹구구식으로 짓는다. 되는대로 지어진 건물들 때문에 동네 분위기는 말이 아니게 변해버렸다. 이대로 둔다면 10년 후 서울은 어떻게 바뀌게 될까?

설계는 건축의 시작과 끝이다. 그런데 정작, 건축가에게 집을 맡기는 사람들은 내 가족만을 위한 단독주택인 경우가 대부분이다. 나와 내 가족이 사는 개인주택을 건축가에게 의뢰하는 것도 중요하지만, 여러 사람이 함께 사는 공동주택을 건축가에게 맡기는 것은 사회적으로 보았을 때 더욱 중요하다.

　　　　공동주택에 사는 사람들을 전세나 월세를 뽑는 수익의 대상으로만 보아서는 안 된다. 그들은 함께 살아가야 할 우리 이웃들이기 때문이다. 그러므로 작은 집에 살아야 하는 사람들에게는 작은 공간을 잘 활용할 수 있는 건축가의 지혜가 더욱 필요하다. 내가 가장 참을 수 없는 것은 빌라 같은 공동주택이 어두운 주차장, 좁은 계단을 올라가서 컴컴하고 좁은 복도를 지나 집으로 들어가는 구조다. 나와 함께 살 이웃들에게는 밝은 햇빛과 시원한 바람을 마음껏 즐기며 집으로 들어가게 하고 싶다. 대문을 열고 마당을 지나는 기분으로 집으로 들어갈 수 있다면 얼마나 좋을까? 그런데 모두 불가능하다고만 했다. 나카에 유지를 만나기 전까지는!

나카에 유지는 나의 상상력을 바탕으로 파격적인 설계를 제시했다. 쫏쫏빌라, 쫏쫏하우스 이런 이름 말고 파격적인 설계만큼이나 파격적인 집 이름이 필요했다. '창조공간'. 창조적인 사고를 하는 사람들의 공간이란 의미다. 나아가 이곳에서 창조적인 일들이 끊임없이 일어나는 공간이란 뜻이다.

'창조공간'의 출발은 매우 소박했다. 집을 짓는 것은 땅 주인 마음이겠지만, 동네는 우리 모두가 가꾸고 누리는 것이다. 내가 아무렇게나 집을 짓는다면 동네 풍경을 망치는 일이 된다. 멋지게 디자인된 집들이 하나둘 지어지면 동네는 자연스럽게 살아나리라 하는 소박한 생각이었다. 그러나 이를 실천에 옮기기에는 건너야 할 난관이 한둘이 아니었다. 주변의 모든 사람들이 공동주택을 이렇게 짓는 사람은 대한민국에 아무도 없다고 말렸다. '대충 지으라'는 말이었다.

창조공간의 백미는 계단과 계단이 이어지는 공용 광장, 그 위로 뚫린 U자형 건물 곡선에 있다. 지금까지 복도를 외부에 두고, 가운데 공용 광장을 만들어 함께 사는 사람들에게 빛과 바람을 마음껏 누리게 한 다세대 주택은 없었다. 대문을 열면 작은 골목이 있고, 골목들 사이로 작은 집들이 숨어 있는 산토리니를 축소한 느낌마저 든다. 사람을 생각하고 이웃을 생각한 인간적인 설계, 아름다운 설계가 아닐 수 없다.

분양 및 임대세대는 복층 구조 5채, 단층 구조 2채로 구성되어 있다. 각기 생김새가 다르고 그 집만이 가지고 있는 특징이 있어서 보는 재미가 남다르다. 방 몇 개, 욕실 몇 개인 빌라 형식의 구조가 아닌, 유럽에서 흔히 보는 스튜디오 구조다. 남들과는 완전히 다른 개성 있는 인테리어가 가능하다. 천장에서 바닥까지 세로로 길게 낸 창문, 집집마다 구불구불 이어진 곡선이 유연하다. 아이들은 금세 계단과 친해지고 집은 어느새 놀이터가 될 정도로 재미있는 구조이다. 짐을 싸들고 다니는 삶이 아닌, 공간이 주는 편안함을 그대로 살리면서 간소하게 사는 삶을 추구하는 1~2인 가구에 안성맞춤이다.

창조공간이 가지는 또 한 가지 독보적인 매력은 친환경 소재에 있다. 시멘트 독이 집안으로 침투하는 것을 방지하기 위해 벽에는 울트라 그립을, 바닥에는 덤프록이라는 특수한 소재로 코팅하고, 그 위에 던에드워드 페인트社의 제품으로 시공했다. 던에드워드社의 페인트는 에틸렌글리콜을 사용하지 않아 새집증후군을 예방하는 친환경 제품이다. 또한, 마루는 케이디우드테크의 방습마루라는 특이한 소재를 택했다. 케이디우드테크의 방습마루는 칼슘보드로 만들어진 친환경 자재다. 창조공간이 일반 주택에서 잘 쓰지 않는 페인트나 방습마루를 쓴 이유는 벽지나 바닥 시공할 때 쓰이는 본드를 쓰지 않기 위해서다. 이런 친환경 자재로 시공한 효과는 기대 이상이었다. 실제로 어린 아기를 안고 들어온 사람들도 새집에서 나는 매운 냄새가 나지 않고, 눈도 따갑지 않다고 깜짝 놀란다.

단열을 위해서는 더블로이 유리 시스템창호를 선택했다. 엄청난 비용 때문에 일반 다세대 주택에서는 상상도 못 할 비싼 자재다. 이런 자재도 과감하게 쓸 수 있었던 것은 100년을 내다보는 건축, 작은 집에 사는 사람이라도 따뜻하고 쾌적한 집에서 살게 하고 싶다는 소망이 있었기 때문이다. 저비용 고수익을 위한 건축이 전부가 아니다. 동네의 풍경과 거주자의 삶의 질까지 생각한 이 집합주택은 '창조공간'이란 이름으로 세상에 나왔다. 이제 예술이 일상이 된 이곳에서 함께 살 이웃들을 기다리고 있다.

—

허은순 글   허은순 · 사카구치 히로야스 사진

··· HOUSE PLAN ···

대지위치 서울시 광진구 | **대지면적** 326.00㎡(98.62평) | **건물규모** 지상 4층(필로티 포함) | **건축면적** 194.48㎡(58.83평) | **연면적** 465.68㎡(140.87평) | **건폐율** 59.66%(법정 60% 이하) | **용적률** 142.85%(법정 150% 이하) | **주차대수** 7대 | **최고높이** 13.10m | **공법** 기초 – 매트구조 / 지상 – 철근콘크리트 벽식구조 | **구조재** 벽 – 철근콘크리트 벽식구조 / 지붕 – 평지붕 | **단열재** 압출법 아이소핑크, 화이트폼 | **외벽마감재** 노출콘크리트 | **창호재** LG Turn & Tilt 시스템 + 26mm 더블로이유리, 아르곤 가스 | **내벽마감재** 석고보드 위 친환경 수성페인트 | **바닥재** 방습마루 | **설계** 나카에 유지, KKRE, SCAF, 윤민환 | **총괄진행** 창조공간 www.창조공간.com | **시공** ㈜흥해종합건설

© 사카구치 히로이시

내벽 마감 던에드워드 실내용 무광페인트 DEW 340(나무와사람들) | **욕실 타일** 오성세라믹 | **수전 등 욕실기기** 대림바스 |
조명 Artecnica | **바닥재** KD 우드테크 방습마루 | **주방 가구** 한샘 디자인펀 | **방문** 영림도어 | **계단재** 원목 | **새집증후군**
및 시멘트 독 예방 벽 – 울트라그립 / 바닥 – 덤프록(나무와사람들) | **걸레받이** 원목 위 던에드워드 내츄럴 우드스테인

내벽 마감 던에드워드 실내용 무광페인트 DEW 340(나무와사람들) | **욕실 타일** 오성세라믹 | **수전 등 욕실기기** 대림바스 |
조명 Artecnica | **바닥재** KD 우드테크 방습마루 | **주방 가구** 한샘 디자인펀 | **방문** 영림도어 | **계단재** 원목 | **새집증후군**
및 시멘트 독 예방 벽 – 울트라그립 / 바닥 – 덤프록(나무와사람들) | **걸레받이** 원목 위 던에드워드 내츄럴 우드스테인

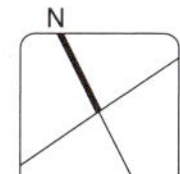

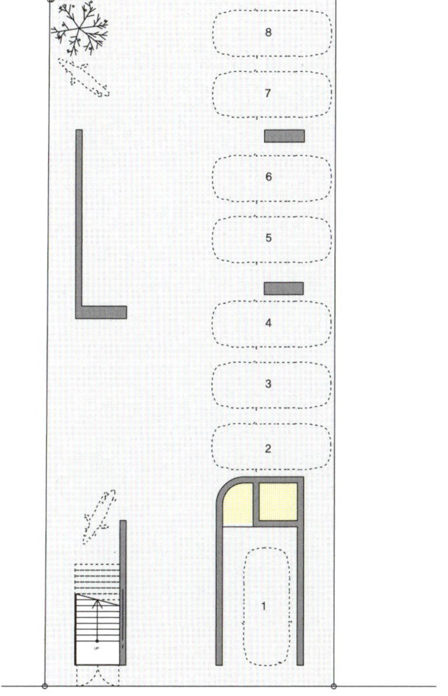

PLAN - 1F

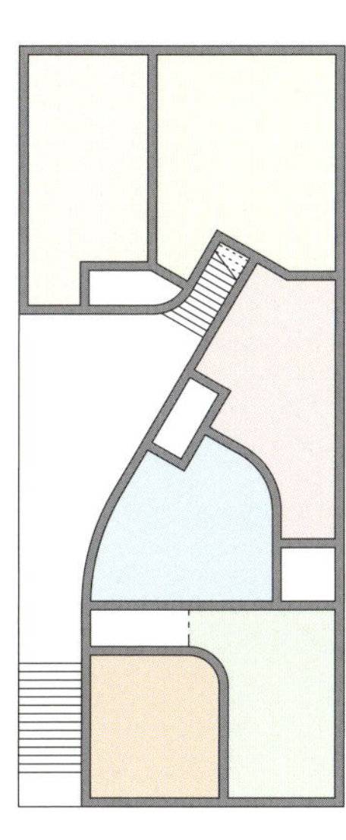

PLAN - 2F

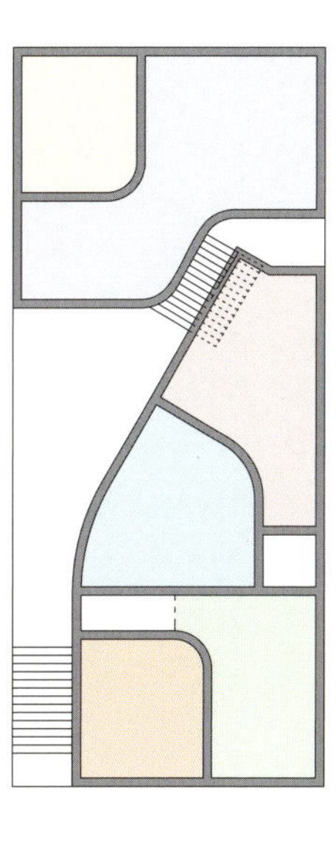

PLAN - 3F

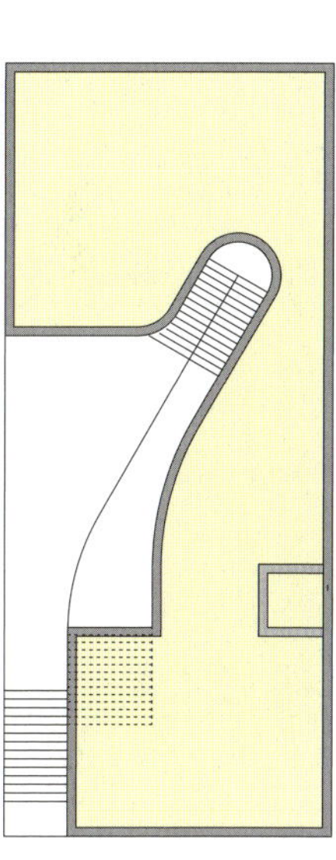

PLAN - 4F

HOUSE WITH A YARD

—

마당있는 집: 산마을

대구 수성구 만촌동에 완공된 '마당있는 집: 산마을'은 여느 동네와 같이, 조용하고 어두운 도시 안의 속길에 접해 있다. 건축주는 이곳에서 27년 동안 거주하였고, 언젠가는 마당이 넓은 주택을 갖는 꿈이 이루어지길 바라며 바로 뒷집의 토지를 구매해 둔 상태였다. '어떻게 하면 이 장소에 더욱 특별한 집을 지을 수 있을까?' 건축주와 여러 차례 미팅을 거쳐 요구사항을 수렴하기 위해 고민한 결과, 1층 작업실과 6가구의 다가구 주택을 제안하게 되었다. 평범한 장소에 평범한 프로그램이지만 넓은 마당을 갖춘 단독주택의 특권을 함께 누릴 수 있는, 조금은 색다른 다가구 주택의 시작이었다.

프로그램의 배치는 계단실을 기준으로 남쪽과 동·서·북쪽으로 나뉜다. 남쪽은 이웃하는 집들로 둘러싸여 만들어진 넓은 마당으로 구성하였고 건축주가 사용하게 될 1층 작업실과 2, 3층 복층구조의 주택을 마당과 남향을 바라보도록 배치하였다. 프라이버시를 보호하기 위해 다가구 주택의 주출입구인 북측 진입도로와 임대가구에서는 마당의 존재를 전혀 알 수 없게 배치되어 남쪽 마당은 건축주의 프라이빗한 공간으로 사용할 수 있다. 이웃집들의 경계들로 만들어진 마당은 도시에서 마당을 가질 수 있는 한 방법이 될 수 있다. 이와 함께 동·서·북쪽 면에는 임대를 위한 5가구를 배치하였다.

'마당있는 집: 산마을'은 대구 지역의 다가구 주택 개발업자와 비슷한 수준의 공사비인 평당 250만원(발코니 면적 포함)으로 시공하는 것이 가장 큰 과제였다. 임대수익을 목적으로 한 건물임을 고려한다면 개발업자가 지은 건물의 공사비보다 터무니없이 비싸서는 안 된다. 높은 시공단가로 인해 초기투자비용이 많아지면, 좋은 건축물은 될지언정 사업성이 떨어져 경쟁력을 잃게 되기 때문이다. 경제논리의 목표는 인정하며 공유하되, 목표를 이루는 전략을 달리하여 접근해야 한다고 생각했다.

건축적 가치를 유지한다는 전제하에 공사비 절감을 위해 다음의 몇 가지 원칙을 세우고 제한된 예산 내에서 이를 적용하는 데 온 노력을 기울였다.

- 체적(볼륨)과 요철, 가벽을 최소하여 공사물량을 절감
- 석재공사를 제외하여 공종을 단순화
- 사용되는 마감재의 종류 최소화(벽지, 타일, 목재 등)
- 외피는 저렴한 외단열공법으로 선시공 하되, 정면이나 필요한 부분에 친환경적 요소의 마감재로 추가시공, 창호는 성능이 우수한 제품 사용
- 시공사의 견적을 수차례 검토·조정으로 정확한 공사비 산출하여 공사계약
- 공사 중 꾸준한 현장점검으로 불량시공을 사전에 방지

벽면은 외단열공법(드라이비트)으로 마감하고 창호는 시스템 창호와 일부 PVC 이중창을 설치했다. 여기에 마당에 접하는 남측면은 백색 알루미늄 루버를, 주진입도로에 면하는 북측면은 밝은색 치장벽돌을 띄워쌓기하여 입면에 특별함을 부여하였다. 여닫을 수 있도록 계획된 알루미늄 루버와 띄워 쌓은 치장벽돌은 외부로부터 프라이버시가 보호되며 일사량 조절이 가능하고 간접적 에너지를 줄이는 효과가 있다.

파사드의 벽돌 사이로 새어 나오는 실내의 불빛. 이것이 만들어내는 북쪽 진입도로에서의 풍경은 도시 안 이면도로에 새로운 활력소가 되리라 생각된다.

—

김건철 글   문정식 사진

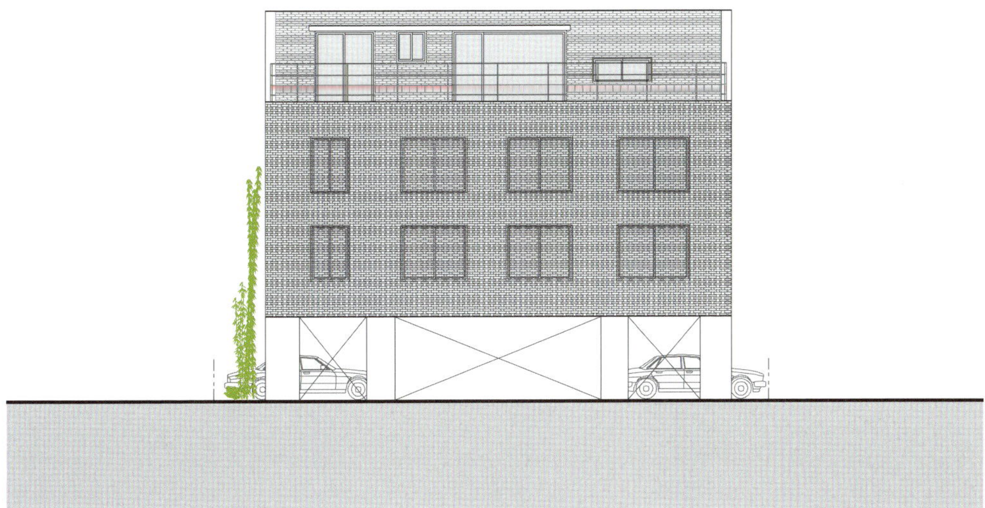

ELEVATION

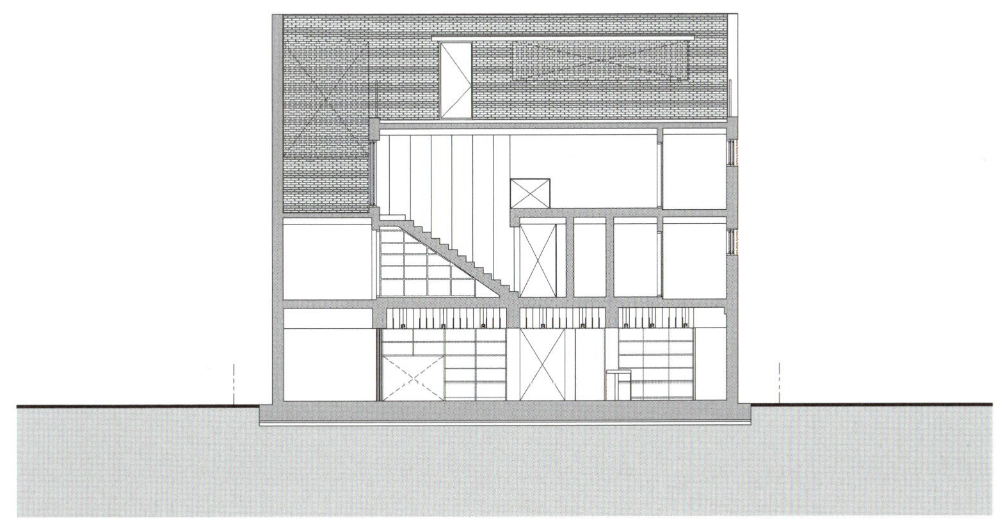

SECTION

HOUSE PLAN

대지위치 대구광역시 수성구 만촌동 | **대지면적** 507㎡(153.37평) | **건물규모** 지상 4층 | **건축면적** 235.35㎡(71.19평) | **연면적** 599.90㎡(181.47평) | **건폐율** 46.42% | **용적률** 118.32% | **주차대수** 8대 | **최고높이** 11.8m | **구조재** 철근콘크리트 | **지붕재** 콘크리트 위 기계미장 / 옥상녹화 | **단열재** THK80 비드법보온판 | **외벽마감재** 외단열공법 마감, 알루미늄 루버, 치장벽돌 띄워쌓기 | **창호재** 시스템창호, PVC이중창 | **설계** 스마트건축 김건철 | **시공** 세움종합건설 | **건축비** 3.3㎡(1평)당 250만원(발코니 면적 포함)

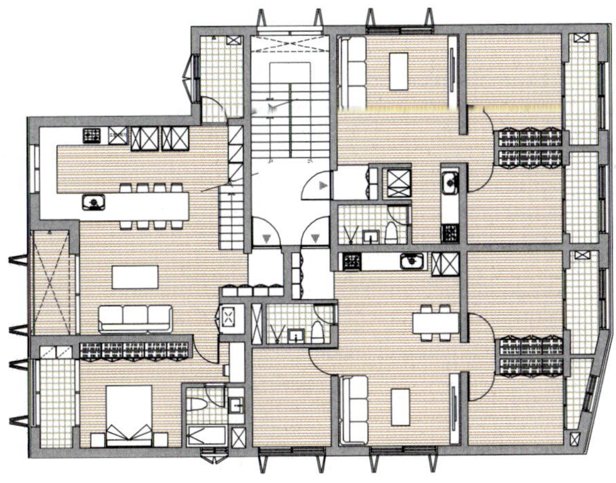

PLAN - 2F

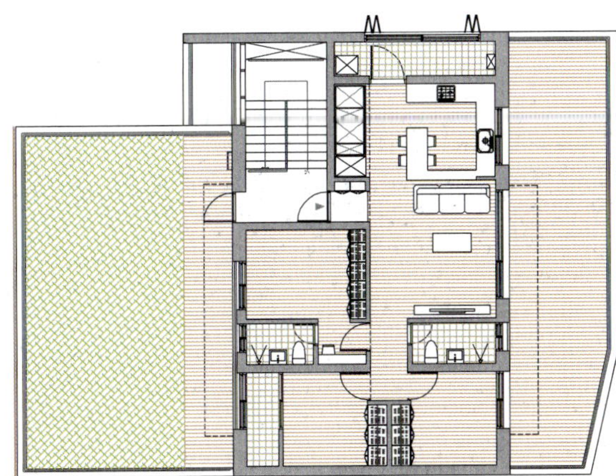

PLAN - 4F

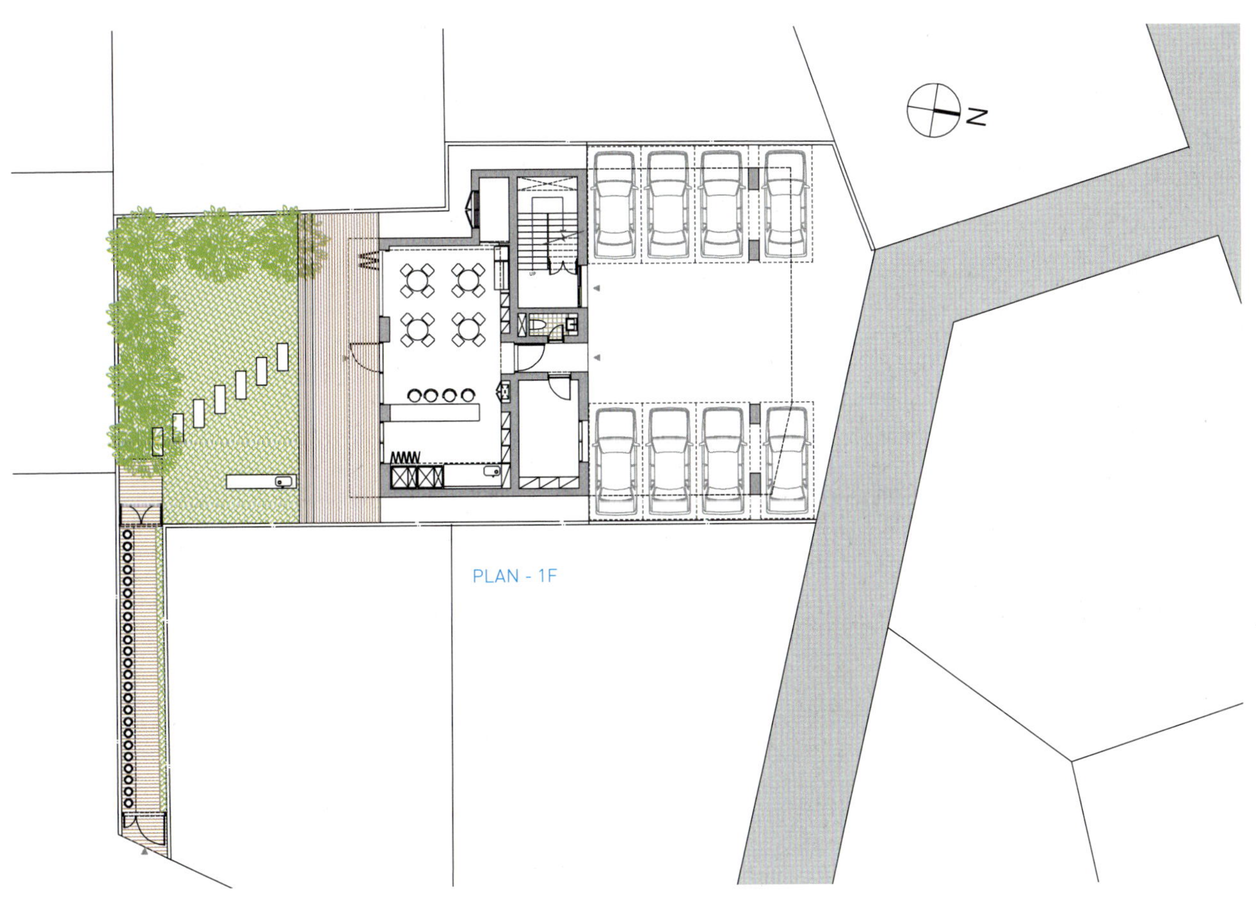

PLAN - 1F

···················· **INTERIOR SOURCES** ····················

내벽 마감 삼화 아이생각 수성페인트, 서울벽지 플레인 ｜ **바닥재** 강화마루(한화 강화마루 메이플), 테코타일(한화 우드타일) ｜
욕실 및 주방 타일 자기질타일 ｜ **수전 등 욕실기기** INUS(이누스) ｜ **조명** 형광등 – T5, 펜던트 – 영공조명 매직 YE-3150-1 ｜
계단재 에폭시 코팅, 6mm 자작나무합판 ｜ **현관문** 갈바방화문 위 락카도장 ｜ **방문** 영림도어 백색 ABS도어 ｜ **데크재** 미송데
크 위 투명 오일스테인

the CUBE

—

왜관리 다세대 상가주택

건축주로부터 맨 처음 설계를 의뢰받았을 때 가장 고심했던 부분은 주변 건물과의 차별화였다. 부지 주변에는 우후죽순처럼 원룸/다가구 형태의 건물들이 들어서고 있었다. 우리가 원칙으로 삼은 설계 기본 방향은 단순히 형태만의 차별화뿐만 아니라 1종 일반주거지역이 갖는 제한된 법적 테두리 안에서 분양을 위한 내부 구성과 면적, 그리고 거주자가 갖게 될 기능적인 면과 감성적인 면을 가능한 모든 부분 충족시키는 것이었다.

우리에게 주어진 대지의 기본적인 형태는 정사각형(18.5×19m)에 가까웠으며 8m 폭의 도로를 낀 전형적인 상가주택 부지였다. 도로 건너편인 서쪽 방향으로는 좋은 경관 확보에 최대 걸림돌이 되는 제지공장이 떡하니 자리 잡고 있었으며 오후 동안 낮고 깊게 건물 안으로 퍼져 들어오게 될 서향 채광 또한 중점적으로 해결해야 할 부분이었다.
　　　　반면 대지 남쪽으로는 건물이 들어서지 않아 병풍처럼 펼쳐진 나지막한 파산(달오산)과 건축부지 사이에 적당한 거리를 확보하고 있었고, 시원한 산새 풍경과 온종일 빛이 방안으로 들어올 수 있는 훌륭한 조건이 확보된 것은 반길만한 상황이었다. 물론 향후 인접한 남쪽 나대지 개발로 인해 그곳에 건물이 지어진다 하더라도 같은 건축조건을 고려해 볼 때 채광에 관해서 만큼은 크게 지장이 있어 보이진 않았다. 택지 개발구역 초입인 달오교 주변을 시작으로 원룸건물들의 신축이 과열되었던 양상과는 달리, 초입과 멀리 떨어져 상대적으로 개발이 더디게 진행되고 있는 개발상황을 의식해 그 주변으로의 원룸 신축은 시기상조라는 분위기가 형성되어 있었다.

건물의 정면은 낮 동안 낮고 깊게 비추는 서향 빛과 마주 보게 위치한다. 인접한 제지공장으로 조망이 확보되기 어려워 서쪽면에 접한 거실과 방들에 모든 창을 없애고, 거실과 방 사이에 있는 중앙 복도 앞에 중정을 마련하였다. 반대편인 동쪽면 또한 공공시설인 칠곡 군립 도서관과 근거리에 접해 있어 프라이버시 확보를 위한 스크린 기능을 할 수 있는 가벽이 필요했다. 이는 채광과 스크린 기능을 동시에 할 수 있는 여러 가지 건축자재 중, 관리가 쉽고 내구성을 가진 벽돌을 띄워 쌓기 하여 그 기능을 담당하게 하였다. 이렇게 의도적으로 조절된 빛은 시간의 흐름에 따라 다양한 그림자 패턴을 실내에 선사한다. 또한, 스크린 역할을 담당하는 돌담장은 외부로부터 불필요한 시선을 차단해 중정에서 오후의 여유로운 티타임이나 바비큐 파티 같은 다양하고도 일상적인 행위들을 즐길 수 있도록 계획했다.

가족이나 친구 같은 밀접한 사이의 건축주들이 사는 듀플렉스홈과 달리 이 건물은 한 필지에 두 가구가 함께 살 수 있다는 점을 제외하면 출발부터 많은 부분에서 차이점을 가졌다. 더군다나 1층은 분양 수익을 고려해 분할이 가능한 상가까지 차지했다. 상가를 위한 주차 1대, 각 세대를 위한 총 4대의 주차공간으로 인해 공용으로 사용할 수 있는 마당 같은 것은 고려할 수 없었다. 그래서 예전 개인 주택에서 볼 수 있는 마당을 통해 집 내부로 진입하던 공간 개념 일부를 가져왔다.

이는 일반적인 다세대/다가구 형태의 건물이 가지는 건물 내부 진입 후 실내 계단이나 승강기를 통해 세대별로 접근하는 방식이 아닌 외부로 노출된 계단을 통해서만 진입할 수 있는 앞마당과 같은 기능을 담당하게 하였다. 외부계단에 설치된 목재 데크와 평철 난간, 계단을 오르며 볼 수 있는 키 큰 조경수의 설치는 건물 내부로 진입하기 전 애피타이저 같은 공간이 되길 바라는 건축가의 작은 배려라고 생각하면 좋을 듯하다.

외부계단을 지나 주거 1층에 해당하는 건물 2층인 주택 주출입구에 다다르게 되면 방범을 위한 유리 스크린 도어를 마주하게 된다. 여기서 우리는 각 세대별로 진입하기 전 거주자를 위한 또 다른 재미를 선사하고 싶었다. 자동문을 열게 되면 6m에 이르는 높은 천장과 벽을 만나게 되는데 시원한 개방감과 함께 드라이비트로 시공된 거칠면서도 입체감 있는 벽면으로는 천창에서 부드럽게 스며드는 자연채광도 감상할 수 있다.

앞서 말한 전통적인 의미에서의 마당은 진입로의 기능뿐 아니라 집 앞의 작은 놀이터, 집에서 담근 장독대가 놓여있던 곳, 빨래를 널기 위한 공간 등 다목적 공간으로써의 역할도 담당했었다. 우리는 이 기능을 가진 앞마당을 각 세대별로 동일하게 중정으로 구성하였으며, 세대마다 중정과 평행하게 설치된 거실 공간을 높이를 확장해 복층 형태로 만들었다. 앞마당과 같은 역할을 하게 되는 내부 중정은 천장이 개방된 형태로 거주자의 취향에 맞게 별도의 식재를 둘 경우, 사계절의 변화를 느낄 수 있도록 하였다. 각 층 실내 면적의 상당 부분을 중정으로 내어줌으로써 줄어들게 된 문제점은 거실로 구성할 면적 중 휴식을 위한 공간은 주거 1층으로, 응접과 독서를 위한 서재로 꾸며진 공간은 주거 2층으로 분리 배치해 해결하였다.

the CUBE는 계획단계에서부터 시공까지 이러한 원칙을 고수하며 건축주와의 끊임없는 소통을 거쳤다. 임대/분양 수익만을 위한 공간 구성보단 거주하게 될 사용자에게 보다 아늑하고 필요한 공간을 확보하는 것을 목표로 완성되었다.

—

임석훈 글   ALT architects 사진

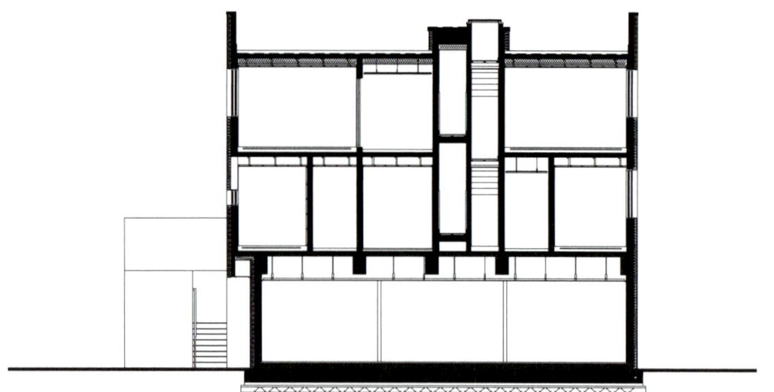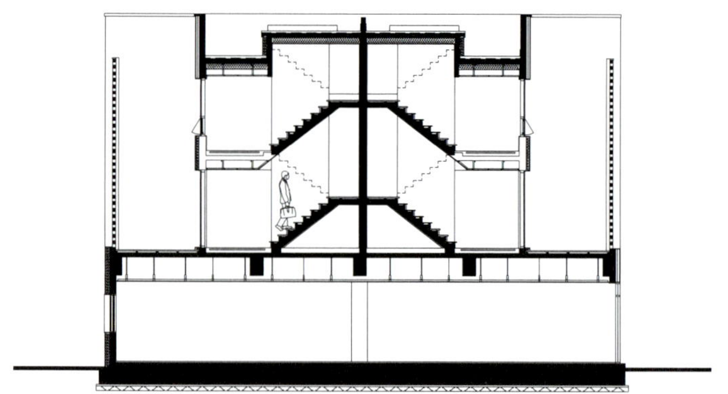

SECTION

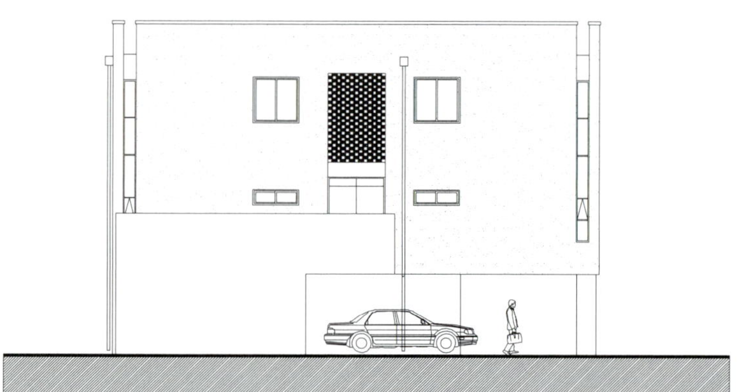

ELEVATION

대지위치 경상북도 칠곡군 왜관읍 | 대지면적 355㎡(101.51평) | 건물규모 지상 3층 (1층 : 상가, 2~3층 : 주택) | 건축면적 211.76㎡(64.16평) | 연면적 469.25㎡(142.19평) | 건폐율 59.65% | 용적률 132.18% | 주차대수 5대 | 최고높이 10.95m | 구조재 철근콘크리트 | 외벽마감재 드라이비트 | 창호재 로이복층유리 | 설계 ALT architects

HOUSE PLAN

INTERIOR SOURCES

내벽 마감 페인트 | **바닥재** 강화마루 | **욕실 및 주방 타일** | **수전 등 욕실기기** 계림요업 | **주방 가구** 한샘 ik | **계단재** 집성목 | **붙박이장** 한샘 ik | **데크재** 적산목(중정)

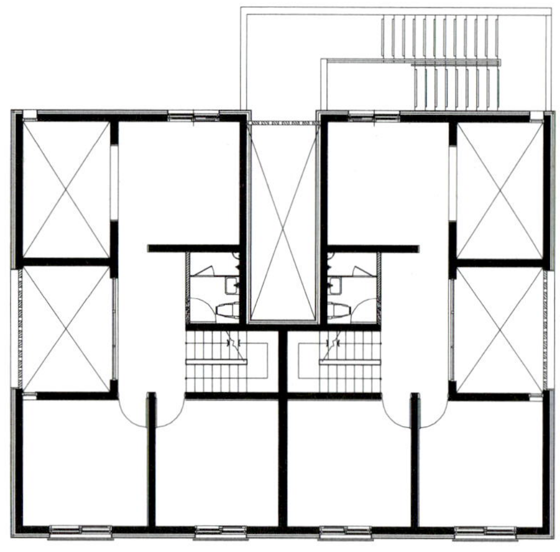

PLAN - 3F

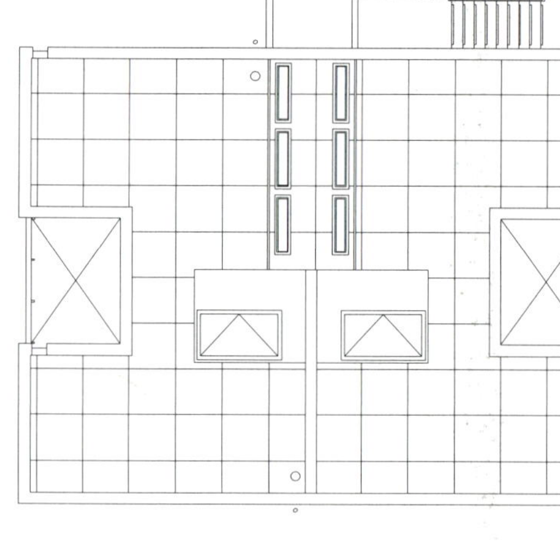

PLAN - ROOF

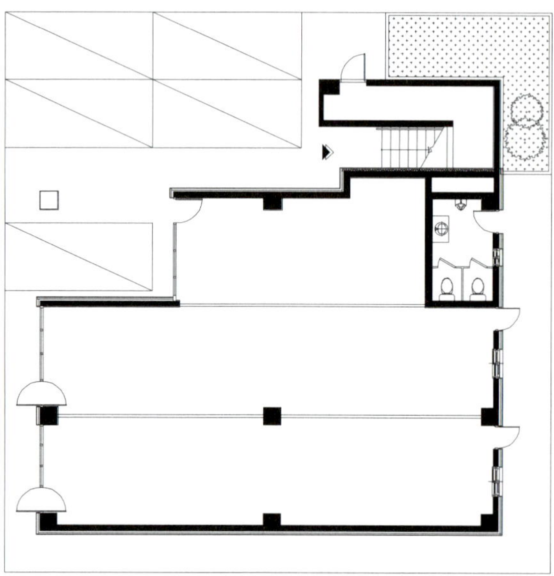

PLAN - 1F

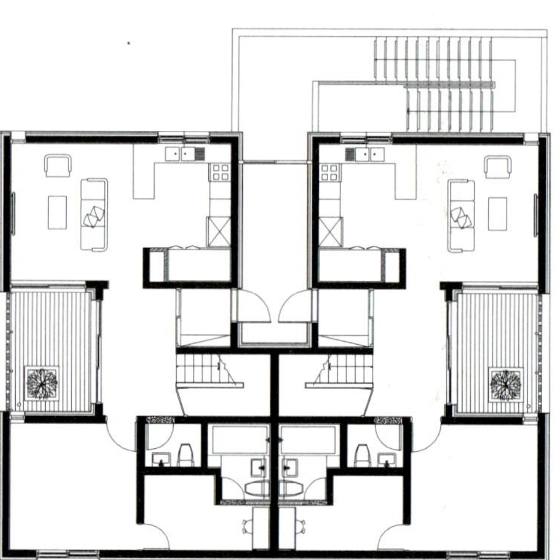

PLAN - 2F

JONGAMDONG HOUSE

—

종암동 그루터기집

서울 종암동 번잡한 도로에서 물러나 경사지를 한참 오르면, 동네가 내려다보이는 전망 좋은 집이 나타난다. 서울이지만 그곳은 오래되고 낡은 기억 속의 앨범처럼 빛이 바랜 듯, 친근한 장소이다. 거꾸로 흐르는 것 같은 시간은 그곳이 서울이라는 공간을 잊어버리게끔 한다.

대지의 첫인상은 어수선해 보이나 조용한 정적이 감돌아 마치 도시의 어느 경계쯤에 머물고 있는 듯한 느낌이다. 고려대학교가 인접한 곳에 지어진 집은 고향을 떠나온 학생들이 머물 안식처와 이들을 돌보고 관심을 가져줄 주인댁이 공존하게 된다. 아이들은 도시의 이방인이 되어서는 안 되고, 주인세대 역시 높은 곳에 전망 좋은 집을 차지한 외로운 섬이 되어서는 안 된다. 그래서 그들은 함께 공동체를 이루고 사이 좋게 살도록 외형적으로 봤을 때 원룸과 주인집이 구분되지 않도록 하였다.

집의 형태는 경사진 대지의 막다른 도로에서의 미관과 스케일을 고려하여 경사진 계단을 따라 오르는 형태로 계획하였고, 주변의 낮은 집들과 위화감과 생경함이 느껴지지 않도록 하였다. 골목 끝에 있어 눈에 띄지 않는 단점을 극복하기 위해, 돌출된 형태와 적삼목을 사용해 학생들에게 인지도가 높도록 했다.

원룸은 남향세대로 확보하여 안전하고 밝은 집이 된다. 맞통풍이 되는 복도와 쾌적하고 안전한 밝은 계단 및 짧은 동선을 확보했다. 필로티 주차장의 계단을 통해 삭막하게 진입하지 않도록 1층은 커뮤니티 시설(스터디카페)을 만들었다. 학생들은 이곳에 모여 과제도 하고 카페처럼 음악을 들으며 휴식을 취하고 친구들을 초대해 그들만의 놀이를 한다. 이는 대학생인 건축주의 아들이 또래의 학생들이 선호하는 경향을 집에 반영하도록 건의한 결과이기도 하다.

주인이 사는 3층 세대는 개운산 근린공원과 서울의 도심이 한눈에 바라다보이는 곳이다. 3층 거실 데크에 나서 바라보는 개운산은 시각적으로 자연의 여유를 전해준다. 층고가 높은 거실 위 남향 다락방과 냉난방부하를 줄이는 고측창을 두어 야트막한 언덕 위에 있는 대지의 장점을 최대한 살렸다. 근래 들어 우후죽순 늘어만 가는 원룸이 있는 다가구 주택과 차별화하기 위해, 가장 조망과 향이 좋은 위치에 원룸을 배치하고 코너창을 설치하여 환하고 밝은 공간이 되도록 했다. 특히 공용계단을 통해 집으로 오르는 순간에도 확 트인 조망을 바라볼 수 있고, 계단을 집의 전면인 남향 코너에 계획하여, 계단을 통해 그루터기 마당을 공유한다. 무엇보다 기존의 다가구 주택에서 보이는 폐쇄형의 답답한 계단이 되지 않도록 하였다. 또한 쉐어하우스가 가능한 투룸 세대를 일부 계획하여, 학교 기숙사에 거주하는 것보다 양호한 환경에서 머물 수 있도록 했고 가변성을 고려했다.

집을 떠난 학생들에게 다시 아낌없는 집이 되어주는, 아늑하고 따뜻한 그루터기집. 이곳에서 학생들은 설레는 마음으로 새 학기를 맞이하게 되었다.

—

강영란 글   정광식 사진

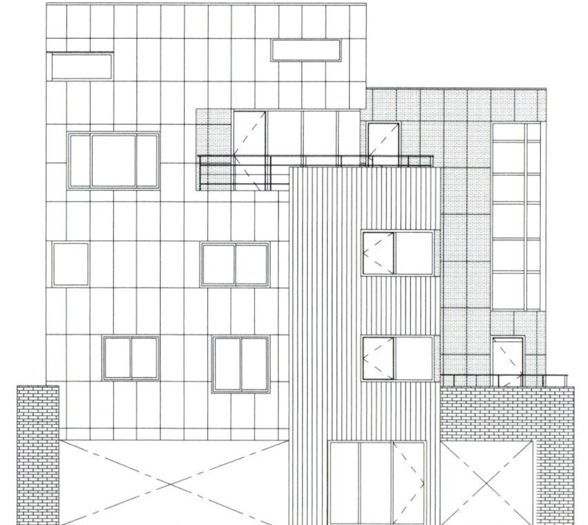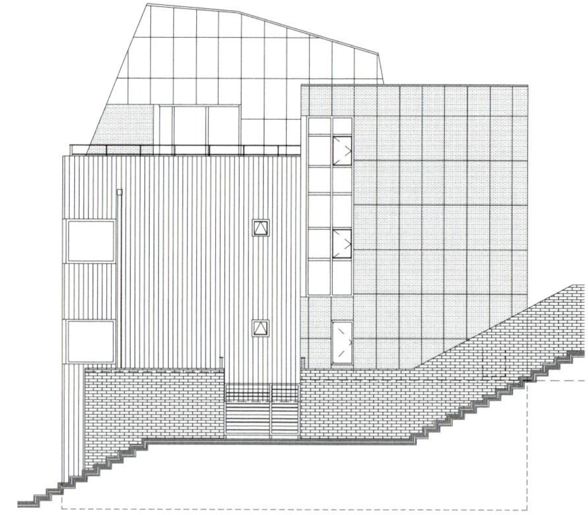

ELEVATION

HOUSE PLAN

대지위치 서울시 성북구 종암동 | **대지면적** 212㎡(64.24평) | **건물규모** 지하 1층, 지상 3층 | **건축면적** 124.04㎡(37.58평) | **연면적** 453.67㎡(137.47평) | **건폐율** 58.93% | **용적률** 148.52% | **주차대수** 6대 | **최고높이** 10.86m | **공법** 기초 – 철근콘크리트 / 지상 – 철근콘크리트 | **구조재** 철근콘크리트 | **단열재** 비드법보온판 120㎜(가등급) | **외벽마감재** 고흥석 잔다듬, 적삼목우드패널 위 오일스테인 | **창호재** 알루미늄단열바, T24 로이복층유리 | **설계** 아이디어5건축사사무소(강영란, 김민정) | **시공** ㈜현우건설기술단 02-408-0030 | **총공사비** 5억2천만원

내벽 마감 신한벽지, 삼화 친환경 페인트 | **바닥재** LG 하우시스 데코타일 | **욕실 및 주방 타일** 이화타일 | **수전 등 욕실기기** 대림통상 | **주방 가구** 한샘 | **조명** 에스비조명 | **계단재** 포천석(국내) | **현관문** 일레브도어 | **방문** 영림 ABS도어 | **붙박이장** 하이그로시 | **데크재** 수입산 방부목 위 오일스테인

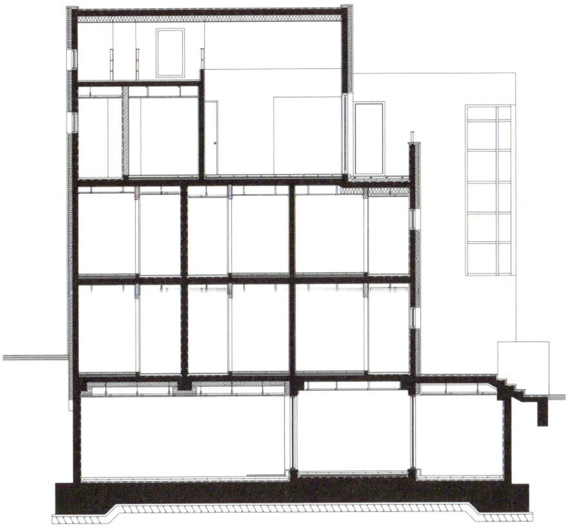

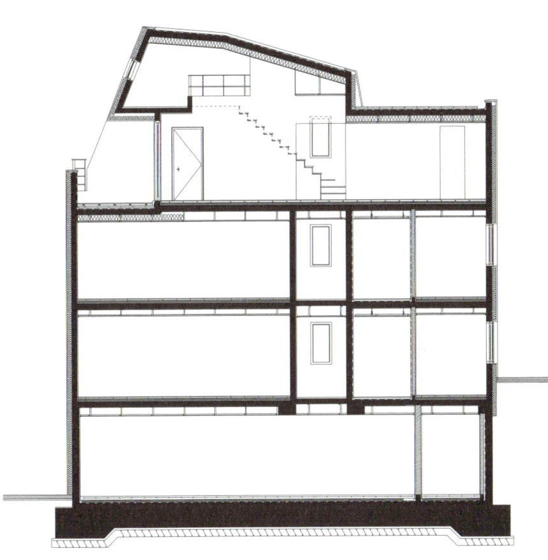

SECTION

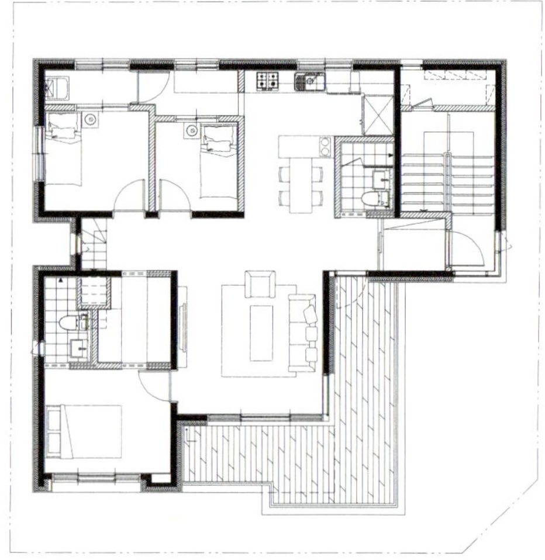

PLAN - 3F

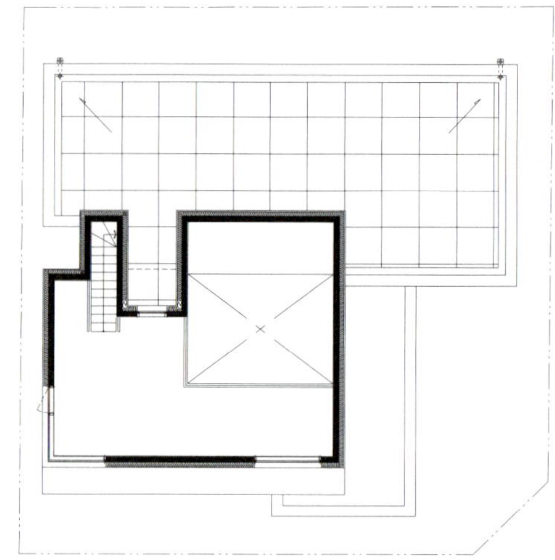

PLAN - ATTIC

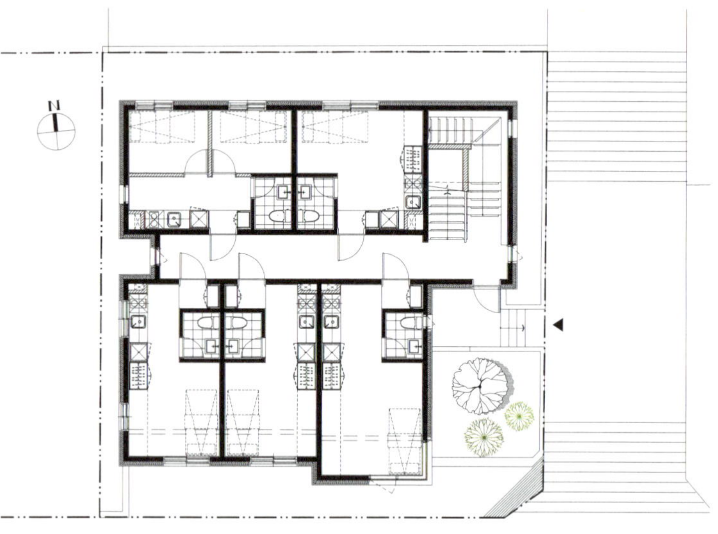

PLAN - 1F

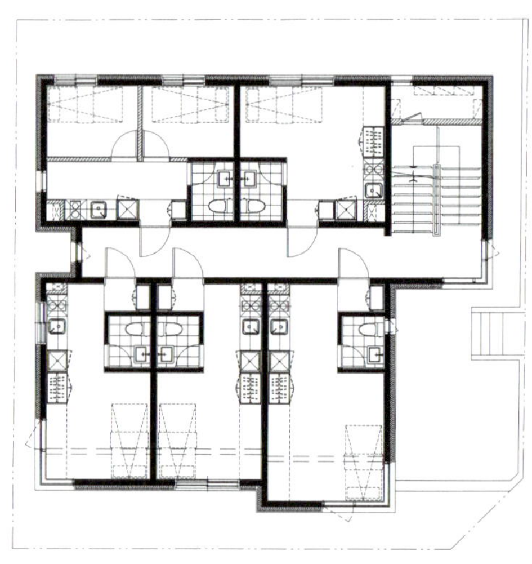

PLAN - 2F

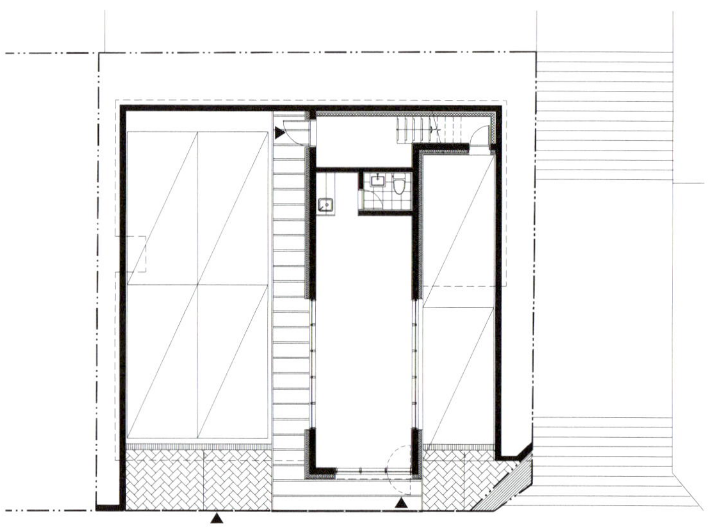

PLAN - B1F

COFFEE HOUSE

—

야탑동 커피하우스

건축주는 임대업을 전문적으로 하고 있어, 설계 전 요구하는 바가 명확했다. 큰 박스 모양으로 길에서 봤을 때 쉽게 눈에 띄는 건물, 환기가 잘 되고 빛이 있는 주거 공간, 국민 주택 규모 이하의 3가구와 원룸 2가구, 1층은 최대 바닥 면적의 기둥 없는 근생시설, 그리고 마지막으로 낭비 없는 공간 구성을 이야기했다.

대지는 남북으로 길게 놓인 직사각형 모양이었고, 북측 전면도로와 3m 정도의 높이차가 있었다. 북측 전면 도로 반대편은 아파트 조경 지역이었고 동서측은 건물들이 대지 경계선과 최소 이격거리(50㎝ 내외)를 갖고 있었다. 그나마 동측 건물은 건물의 남북 간 길이가 짧아서 동측으로는 여유가 있었다. 남측은 막힌 길 하나 사이에 두고 다가구 건물이 있었다.

모든 가구에 빛이 들어오려면 두 가구를 남북 길이 방향으로 나누어 동쪽과 서쪽에 위치시키는 것이 좋겠지만, 가구의 길이가 너무 길어져 기능에 무리가 있었다. 또한, 계단이 건물 전면 중앙에 위치하면 1층 근생 공간이 계단실로 나누어져 기둥 없는 넓은 근생공간을 바라는 건축주의 요구사항과 맞지 않게 된다. 그래서 계단은 건물 측면으로 위치시켰고 그 위치는 접근성이 좋은 서측으로 하였다. 그리고 다가구는 동서 길이 방향으로 나누어서 남쪽 가구와 북쪽 가구로 만들었다. 계단은 2층에서 방향을 직각으로 틀어서 각 세대의 출입구를 위치시켰다.

가구를 동서 길이 방향으로 나누게 되니 북쪽 가구는 북향이 되어 버렸다. 북쪽 가구의 채광이 문제다. 또한, 북쪽 전면에 창이 생긴다면 주거창의 기능을 무시하던지 근생이 가져야 할 정면성을 포기해야 하는 상황이 된다.

해결책을 찾아갔다. 우선 남쪽 가구의 남측면에 접하는 폭을 줄여 북쪽 가구에도 빛이 들어가게 가구 구성을 하였다. 그리고 남겨진 근생 상부는 남쪽 가구의 마당으로 사용하였다.

또한, 북쪽 가구 건물 가운데 마당을 두어 실내로 빛이 들어가게 하였다. 거기에 빛을 더 들이기 위해 남쪽 가구에 비해 북쪽 가구를 반 층 들어 올렸다. 이 설계로 1층 근생 층고가 높아져 임대에 유리해졌고, 건물도 반 층 높아져 건물을 크게 보이고 싶다는 건축주의 요구사항도 충족시키게 되었다. 가구는 격층 형식이 되어 계단참마다 입구가 생겨 세대 출입구의 프라이버시도 보호할 수 있었다.

북쪽 가구의 창들도 마당 쪽으로 위치시키니 북측 전면에서의 창으로 인한 문제도 벗어나게 되었다. 계단실은 진행 방향도 변하고 격층 구조가 되어서 층으로 올라가는 기능만 있는 공간에서 벗어나 거주자에게 재미를 주는 공간이 되었다. 또한, 동서면으로 창을 두어 사시사철 변하는 빛과 풍경으로 다채로운 표정의 계단실을 형성하였다. 옥탑층 계단실도 남측면에 큰 창을 두어 하늘 풍경과 밝은 빛을 거주자들이 즐기게 하였다.

외관은 인지성을 높이기 위해 밝은색 계열의 아이보리색을 택하였다. 건축주의 관리성 뿐 아니라 세입자 관점에서의 선택 기준, 외관으로 인한 홍보 효과 등 여러 가지 입장을 고려해 결과 아이보리색이 이득이라는 결론을 내렸다.

이번 프로젝트에서 설계자로서 가장 중점을 둔 부분은 다음과 같다.

- 건축주의 여러 가지 요구를 수용할 수 있게 어떻게 공간을 조직할 것인가?
- 근생 및 다가구 복합건물에서 수익성이 높은 근생을 위해 건물의 정면을 어떻게 주거층의 기능도 만족하며 디자인할 것인가?
- 주거자에게 자연을 어떻게 연결시킬 것인가?

그중 자연과의 접촉은 중요한 문제였다. 도심 주거들은 수익성을 우선시하다 보니 주변 건물과 서로의 프라이버시가 침해되는 배치를 하게 되고, 주거자들은 항상 커튼이 쳐있거나 밖에서 보이지 않는 흐린 창으로 외부와 단절된 방에서 살게 된다.

자연을 본다는 것은 단순히 좋은 풍경을 본다는 문제에 그치는 것이 아니다. 그것은 무의식중에 자연의 변화를 인식한다는 것이고, 그 인식은 변화하는 시간 속의 나의 위치를 알 수 있게 한다. 이는 이 세계에서 나의 위치를 알려주는 상대점을 보여 주는 것이다. 이번 설계에서는 프라이버시가 보호된 마당, 프라이버시를 지켜주는 가벽, 프라이버시가 간섭되지 않는 곳을 찾아내어 그곳에 창을 내었다. 이로써 언제든 창을 열 수 있게 만들어 항상 자연을 접할 수 있는 집을 만들었다.

자연을 건물로 연장하면 그 건물은 생명성이 연장된다. 아무리 좋은 그림이라도 두세 번이라면 몰라도 일년 내내 계속 보게 되면 싫증 나기 마련이다. 공간 역시 마찬가지다. 하지만 이러한 공간에 자연을 연결하면 매번 변하는 빛과 변하는 풍경으로 인해서 공간은 언제나 다른 표정을 갖게 된다. 건물의 공간은 사용자들에게 매번 새로운 공간이 되는 것이다.

—

전필규 글   김동관 사진

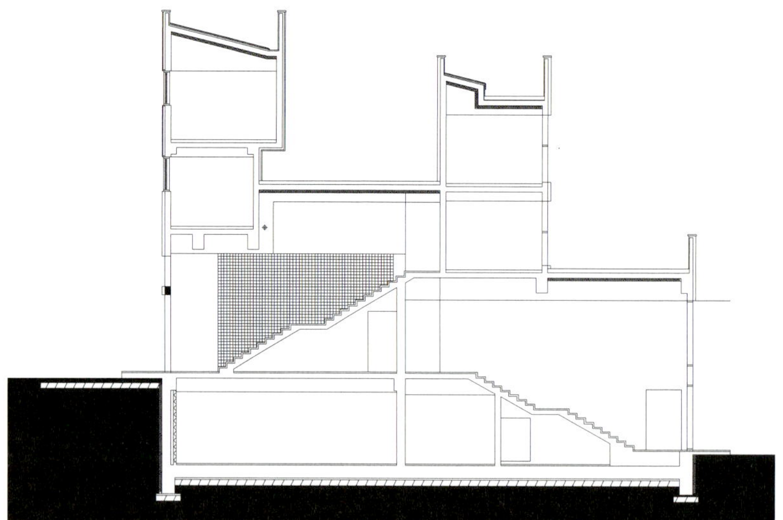

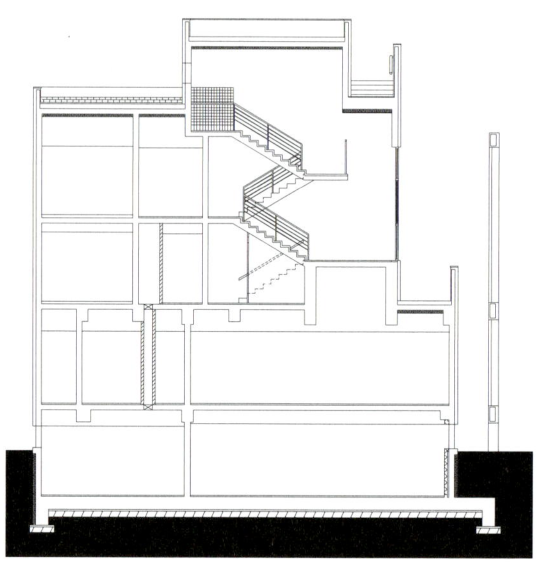

SECTION

··· **HOUSE PLAN** ···

대지위치 경기도 성남시 분당구 야탑동 | **대지면적** 566㎡(171.51평) | **건물규모** 지하 1층, 지상 3층 | **건축면적** 269.10㎡ (81.54평) | **연면적** 940.07㎡(284.86평) | **건폐율** 47.54% | **용적률** 19.29% | **주차대수** 9대 | **최고높이** 14.10m | **공법** 기초 – 매트기초 / 지상 – 철근콘크리트 | **구조재** 철근콘크리트 | **지붕재** 아스팔트싱글 | **외벽마감재** 화강석 | **설계** 현앤전 건축사사무소 | **총공사비** 11억원(인테리어 포함)

INTERIOR SOURCES

내벽 마감 노루표 수용성 락카, 노출콘크리트, DID벽지 | **바닥재** 화강석, 유로세라믹타일, 마에스터강화마루 | **욕실 및 주방 타일** 유로세라믹타일 | **수전 등 욕실기기** L-CARE, 아메리칸스탠다드 | **주방 가구** 자체제작 | **조명** 루멘

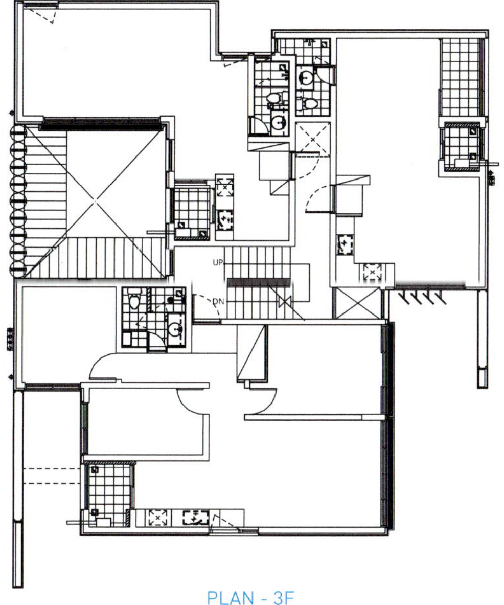

PLAN - 3F

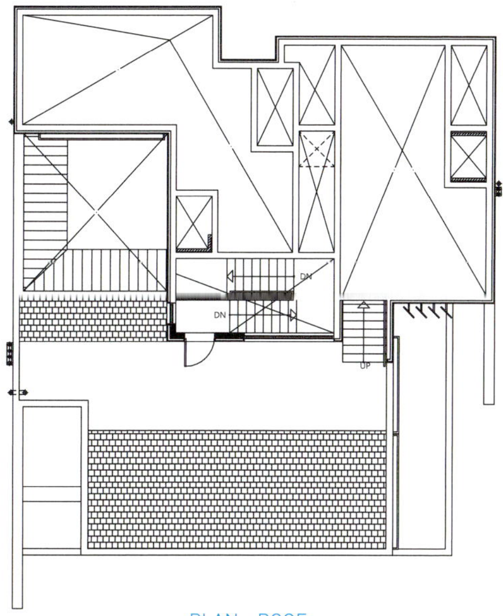

PLAN - ROOF

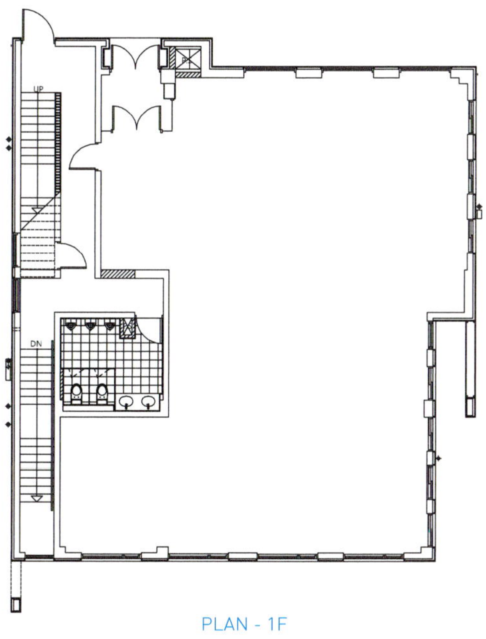

PLAN - 1F

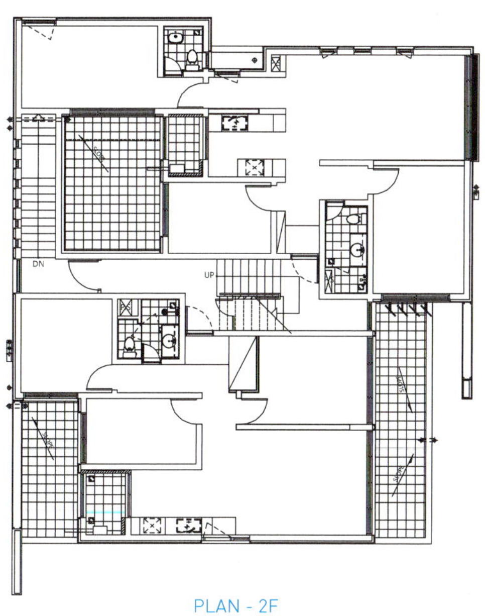

PLAN - 2F

SUGAR LUMP

—

이천 다가구 주택

다가구 주택은 한국에서 아파트 다음으로 가장 흔한 주거 형태이다. 일반적으로 저층부는 주차장 혹은 작은 상가나 사무실이 있고, 상부에 주거로 쓰이는 3개 층 중 마지막 층이 주인세대로 사용한다.

경기도 이천에 완성된 다가구 주택은 오일장이 열리는 전통시장거리 끝자락의 대형마트 바로 옆에 위치한다. 건축주는 이곳에 2개 층의 근린생활시설을 두고, 상부는 임대를 위한 주거와 최상층에 주인세대가 입주할 다가구 주택을 희망하였다. 우리에게 설계를 맡기기 전 건축주는 이미 다른 곳에서 설계안을 받아보았지만, 결과물이 주변에서 십 년이 넘게 보아온 다가구 주택들과 크게 다르지 않은 평범한 안이라고 재설계를 부탁하였다.
　　　　부지는 비록 대로변은 아니지만, 시장과 대형마트에 인접하여 보행자나 차량에 쉽게 노출되는 장소였고, 건축주는 무엇보다 생기 없는 가로 풍경에 활력을 넣기를 바라고 있었다.

넓지 않은 가로형 대지에 도로사선과 정북방향 일조사선을 동시에 적용받는 제한적 조건 때문에 중간 과정에서 나온 안들은 계단식 건물이거나 상부가 사선으로 완성되는 안이 대부분이었다. 하지만 무언가 부족해 보였고 결국 다시 원점에서 시작하기로 하였다. 그러던 중 기존 다가구 주택을 다시 분석하게 되었고 그것들이 모두 발코니를 확장하여 거실이나 방으로 사용하거나, 발코니에 창을 두어 외부에서의 입체적인 모습이 사라진 점에 주목하였다. 그리고 조사결과 많은 다가구, 다세대 주택의 사용자가 내부 발코니보다 외부 발코니를 희망하고 있었다. 이에 우리는 기존 다가구 주택의 획일화된 모습에서 벗어나고자 건축주와 협의 끝에 모든 세대(unit) 외부에 오픈된 발코니를 두고, 정북방향 일조와 도로사선을 모두 고려하여 그것을 외부 입면의 주요 요소로 계획하였다. 발코니는 실제로 내부와 외부를 연결하는 작은 마당이자 빨래건조, 수납, 장독대, 에어컨 실외기 등을 둘 수 있는 유용한 장소로 사용될 수 있다.

외부 재료는 계획 초기부터 한 가지 재료만 사용하는 것으로 제한했다. 주변이 이미 너무 많은 재료와 색, 그리고 간판 등으로 산만하므로 우리는 톤 다운(tone down)이 필요했고 이를 위해 많은 재료를 테스트한 결과 검은색 마천석을 잔다듬하여 회색빛이 돌도록 한 외장재로 최종 선택하였다. 마천석은 물갈기를 하여 반짝반짝한 상태로 만들면 모텔 등에서 주변에 과시하기 위한 소재로 사용되지만, 잔다듬하게 되면 오히려 은은한 색과 함께 빛에 따라 다른 느낌을 전달하게 되고 동시에 재료의 질감도 느낄 수 있다. 주변과 차별화된 외형이기 때문에 너무 튀는 재료는 오히려 득보다 실이 많을 수 있기 때문이다. 이렇게 해서 완성된 건물은 돌이라는 재료 때문에 생기는 무거운 느낌을 리드미컬한 발코니가 상쇄하면서 조형적인 인상을 주게 되고, 기존 가로에 활력과 에너지를 던지게 된다.

다행히 시공 과정에서 시공사와 현장소장은 어려운 디테일을 오히려 재미있어하며 끝까지 공사를 즐겁게 마무리했다. 완공 이후 주변에 비슷한 시기에 지어진 다가구 주택보다 훨씬 좋은 조건으로 빠르게 임대가 완료되어 건축주 또한 매우 만족하고 있다.

재미있는 것은 이 건물이 완성되고 가장 득을 본 사람은 건축주도 시공사도 아닌 1층의 카페 주인이라는 것이다. 많은 사람들이 건물을 보려고 방문하기 때문이라는 후문이다.

—

김창균 글   박세원 사진

BEANS
HOUSE
COFFEE
BEANS HOUSE COFFEE
BEANS

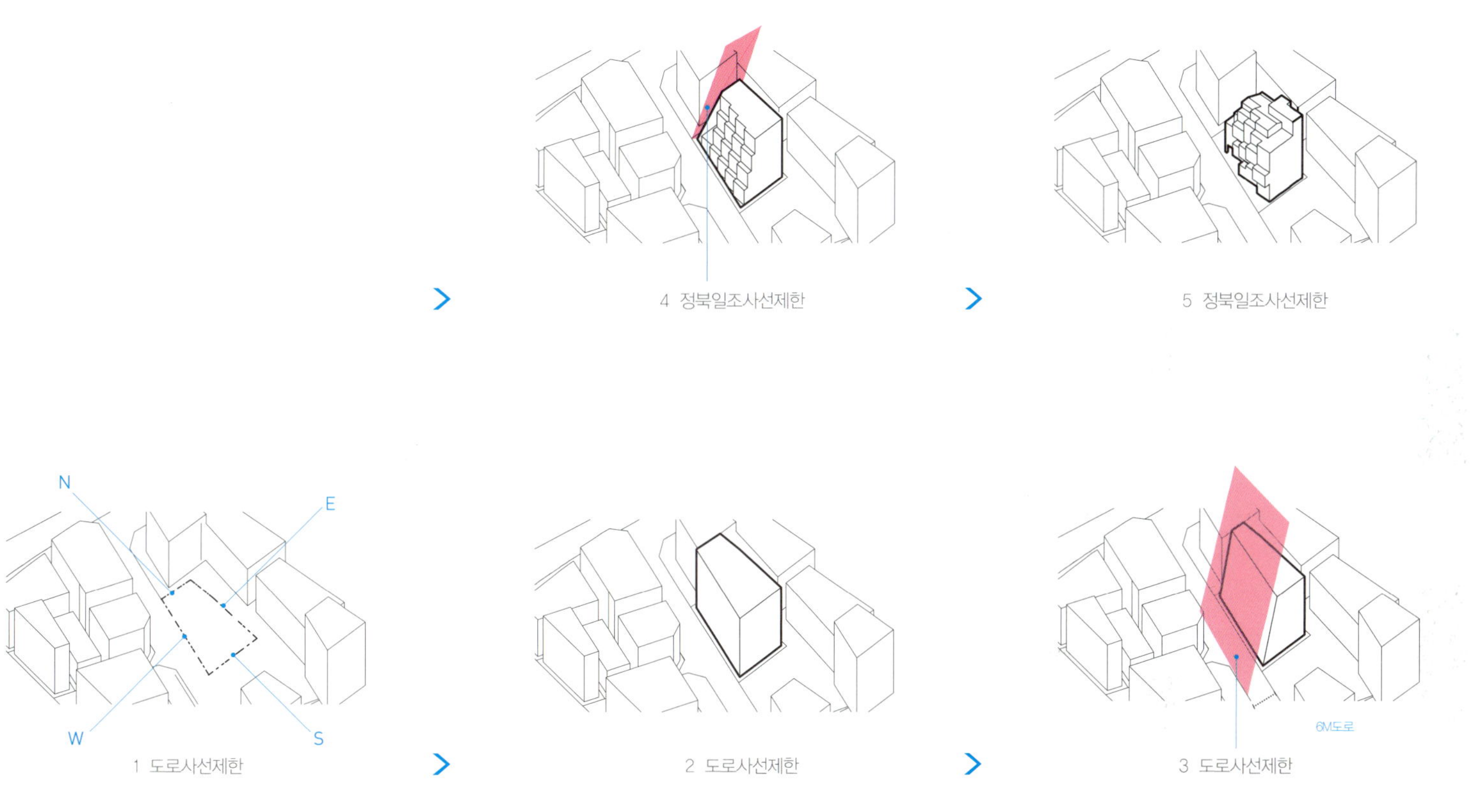

DIAGRAM

HOUSE PLAN

대지위치 경기도 이천시 중리동 21-16 | **대지면적** 295.70㎡(89.60평) | **건물규모** 지상 5층 | **건축면적** 173.38㎡(52.53평) | **연면적** 709.64㎡(215.04평) | **건폐율** 58.64% | **용적률** 239.99% | **주차대수** 7대 | **최고높이** 18.30m | **공법** 기초 − 철근콘크리트(매트기초) / 지상 − 철근콘크리트(라멘) | **구조재** 철근콘크리트 | **지붕재** 컬러강판 | **단열재** T85 압출법보온판 1호(가등급) | **외벽마감재** 마천석 잔다듬 | **창호재** 밤선 AL(복층유리)창호, NS폴딩 | **설계** 유타건축사사무소 | **시공** 리인씨앤이(㈜) | **총공사비** 약 7억4천만원

MULTI-FAMILY HOUSE

N
관고전통시장
이천 5일장
W
S

내벽 마감 대동벽지 | **바닥재** 동화 강마루 | **욕실 및 주방타일** 대동요업 | **수전 등 욕실기기** 대림 | **주방 가구** 임대세대 – 대림 / 주인세대 – 리바트 | **조명** 광진조명 | **현관문** 유로명품도어 | **방문** 영림 | **데크재** 콤보(라트비아)

SUNNY MULTI-HOUSE

–

울산 ㄱ자 집

동쪽으로는 바다가, 서쪽으로는 8m 도로와 야트막한 산등성이. 그 사이에 남북방향으로 길게 늘어진 대지가 있다. 폭이 채 5m도 안 되는 갈치 모양의 땅은 건축주에겐 걱정으로, 건축가에겐 기대감과 즐거운 도전으로 다가왔던 것 같다.

탁 트인 바다로의 조망을 마음껏 가질 수 있다는 것과 폭이 좁은 대지 안의 건축이라는 제약이 오히려 설계를 진행하는 키워드가 될 수 있다는 것, 그리고 가까이에서 건축주와 건축가 간의 이견조율이 시도 때도 없이 격렬하게 벌어질 수 있었다는 것은 행운이었다.

총 8세대의 평면은 추후 사용자의 다양성을 고려해 다섯 가지 타입으로 설계되었다. 상시거주하며 주택을 관리하고 노후를 보낼 부부를 위한 Type 1, 소규모 가족단위를 위한 복층형 Type 2, 싱글이나 저렴하게 묵고 갈 여행객을 위한 Type 3, 대가족이나 단체 모임객들을 위한 Type 4, 5. 여러 평면구성으로 다양한 이용자들에게 적합한 공간을 제안할 수 있다는 것은 큰 장점이다. 똑같은 평수에 똑같은 평면을 가진 집들만이 효율적인 것만은 아니라는 얘기다.

대지 특성상 복도공간을 내주기가 힘든 점을 고려해 각 세대로의 접근은 가급적 1층에서 이루어지게 했고 중간중간 외부계단을 통해 2층의 세대로 접근할 수 있게 했다. 바다와 대지 사이의 경관녹지는 종전과 마찬가지로 마당으로 활용되어 세대마다 널찍한 테라스 공간을 가지게 되었다. 각자의 영역을 가지면서도 공동의 마당을 가진 셈이다. 여러 사람으로 북적거리는 마당을 바라보는 일이 삶의 즐거움 중 하나가 되었다고 건축주는 말한다.

도로와 맞닿은 서측의 입면은 소음과 외부시선차단을 위해 창호를 최소화하였고 바다를 향한 동측에 큼지막한 창들을 과감하게 내어주었다. 대지가 가진 단점은 최소화하고 장점을 부각하며 미관상으로나 기능(채광과 환기)상으로도 큰 무리가 없도록 고려하였다.

건축에서 가장 민감할 수밖에 없는 부분이 아무래도 건축비인데, ㄱ자 집도 예외는 아니었다. 비싼 건축마감재료는 엄두도 낼 수 없었던 정해진 건축비 내에서, 합리적인 재료 선정은 큰 비중을 차지한다. 전체의 큰 매스는 단열성능이 높고 저렴하여 일반적으로도 널리 쓰는 외단열시스템의 한 방식인 스터코 마감을 선택했고 저층부의 입면은 적삼목 마감으로 편안하고 주말주택 같은 분위기를 잡았다.

파란 바다와 백색의 흥미로운 매스가, 나지막하게 병풍이 되어주는 소나무 언덕과 적삼목으로 마감한 테라스 공간이 조화롭게 어우러져 또 하나의 바닷가 마을 풍경이 되었다. 무엇보다 이곳을 찾는 사람들에게 더없이 편안한 휴식의 장소가 되길 바란다.

건축가 스스로도 건축 시공에 참여하여 같이 배우고 같이 고민했던 좌충우돌 첫 공사. 이 작업을 통해 큰 보람을 느끼는 것은, 설계해서 지어낸 건물이 멋지고 좋아서가 아니라, 주변 환경과 함께 만들어낸 편안한 휴식처가 된 건물과 장소가 사람들과 어우러져 좋은 풍경이 되었기 때문이다. 다행이다.

—

이현화 글　윤준환·건축주 사진

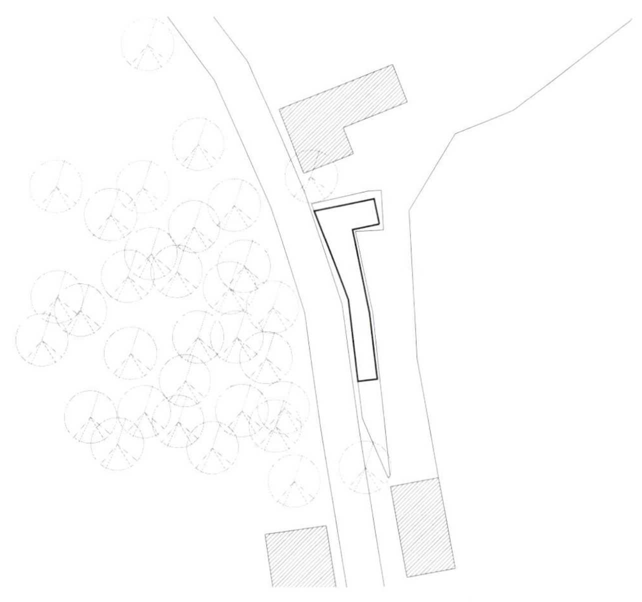

PLAN - SITE

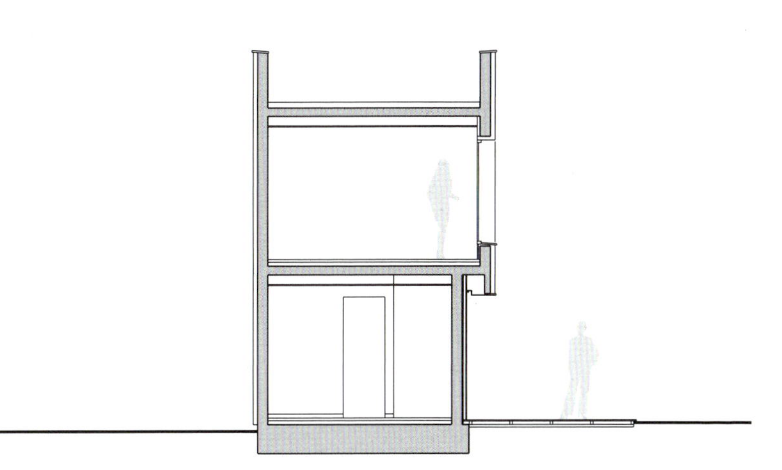

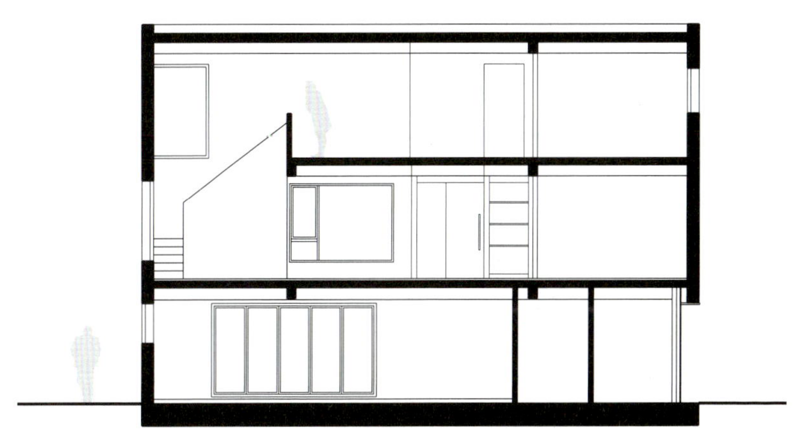

SECTION

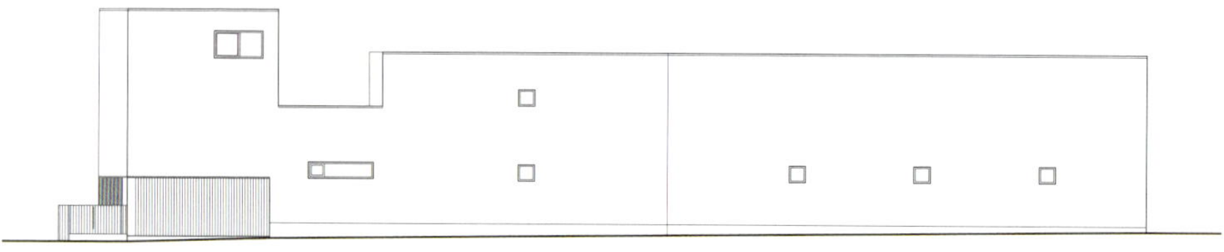

WEST ELEVATION

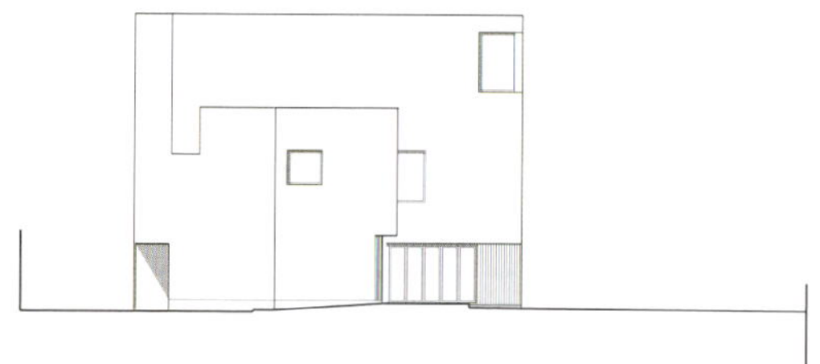

SOUTH ELEVATION

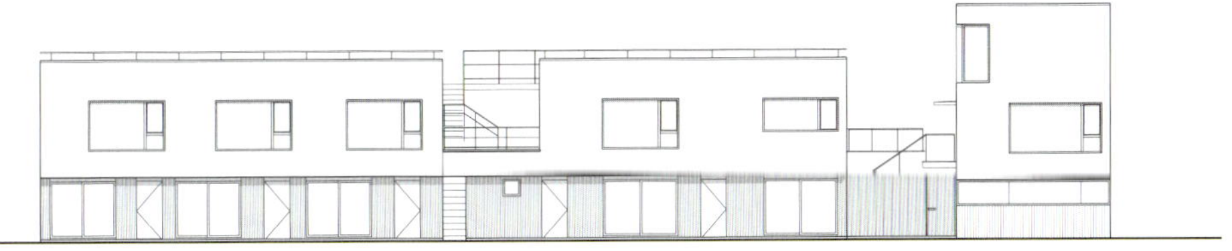

EAST ELEVATION

··· HOUSE PLAN ···

대지위치 울산광역시 북구 동해안로 798 ｜ **대지면적** 476㎡(143.99평) ｜ **건물규모** 지상 3층 ｜ **건축면적** 185.14㎡(56.00평) ｜ **연면적** 331.70㎡(100.33평) ｜ **건폐율** 56.80% ｜ **용적률** 97.93% ｜ **주차대수** 7대 ｜ **공법** 기초 – 온통기초 / 지상 – 철근콘크리트 ｜ **구조재** 철근콘크리트 ｜ **지붕재** 평지붕 방수 마감 ｜ **단열재** 외단열시스템 ｜ **외벽마감재** 적삼목 오일스테인, 드라이비트 ｜ **창호재** 필로브 ｜ **설계** 보통건축 이현화 ｜ **시공** 건축주 직영 ｜ **총공사비** 약 4억5천만원(마당공사 포함)

INTERIOR SOURCES

내벽 마감 실크벽지 및 합지벽지, 민무늬 흰색 및 포인트 회색 사용 | **바닥재** 강화마루, 데코타일 | **욕실 및 주방 타일** 국산타일 | **수전 등 욕실기기** 대림바스, 계림요업 | **주방 가구** 한샘 | **조명** 현진조명(패브릭조명 주문 및 LED 매입등) | **계단재** 자작나무합판 30T | **현관문** 철제방화문 현장도장(지정색) | **방문** 민무늬 ABS도어 | **붙박이장** 자체제작 | **데크재** 방부목 위 오일스테인

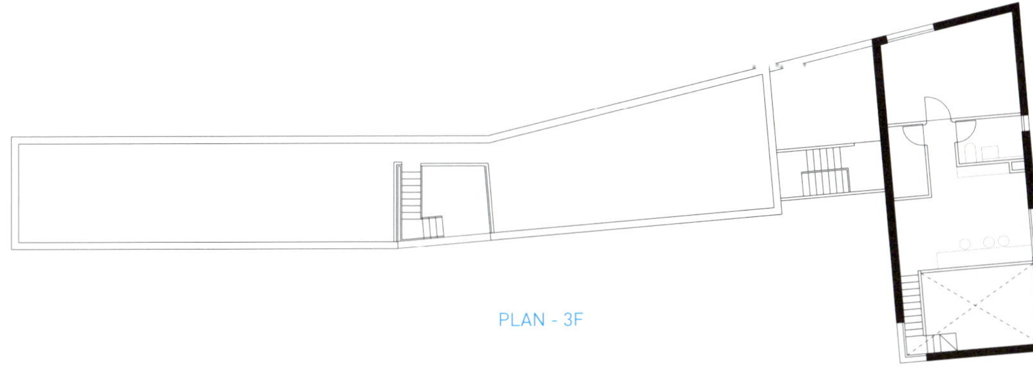

PLAN - 3F

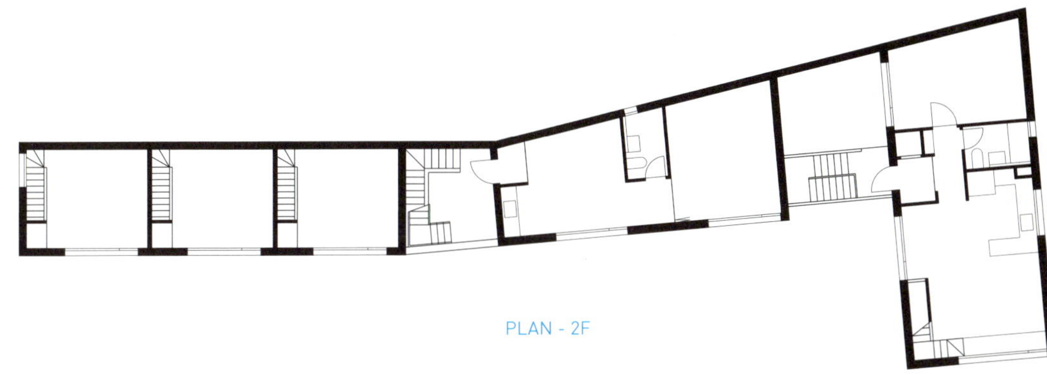

PLAN - 2F

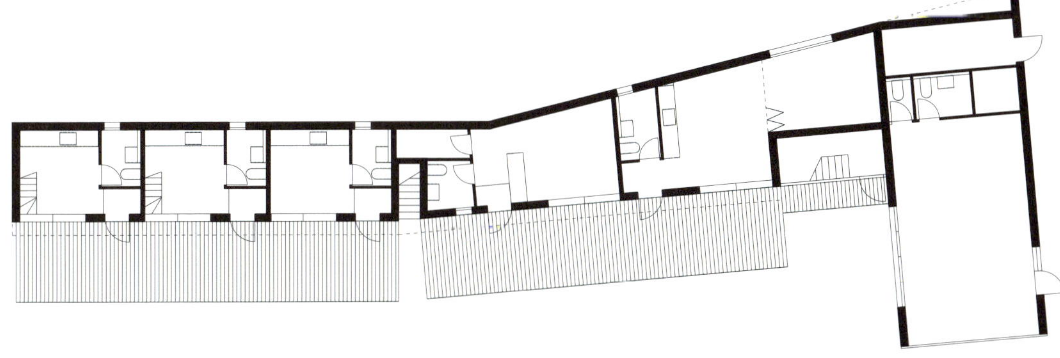

PLAN - 1F

BLACK HOUSE

—

김해 김씨화덕

시장 논리가 철저히 적용되는 상가주택의 디자인과 재료는 대부분 유사하다. 용적률을 꽉 채워서 지어야 임대수익을 극대화할 수 있고, 값싼 재료를 써야 초기 투자비를 아낄 수 있기 때문이다. 결국, 상가가 늘어선 도로의 풍경도 비슷해진다. 바둑판 모양으로 분양되어 길을 구분하기 힘든 상가주택 전용 택지의 경우 이 현상은 더하다. 땅값이 비싸다는 것이 이유다. 김해시 인근에 위치한 장유신도시에도 이와 같은 현상은 반복된다. 그렇기에 이 집, 검은색 금속 강판으로 마감한 모던한 상가주택은 유독 눈에 띈다.

젊은 부부가 건축주인 이 건물은 도시에서 생활하며 사업기술을 배운 부부가 부모님과 함께 상가를 운영하며 살기 위해 지었다. 쌈짓돈으로 시작하는 부부이기에 건축자금이 넉넉지 않았던 것이 사실. 남쪽은 건물로 막혀있고 동쪽은 도로와 면하고 있어 진입 조건이 그리 좋지 않은 대지를 택할 수밖에 없었던 것도 주머니 사정 때문이다. 그렇기에 이들이 해결해야 할 과제는 '제한된 자본으로 짓는 것'과 '누구든 찾아올 수 있도록 눈에 띄는 건물을 만드는 것'이었다.

건축주가 직접 운영하는 수제화덕피자집은 1층에 두고, 2층은 임대 세대, 3층은 주인세대가 거주한다. 건물은 1층과 2층의 골조가 다르게 지어졌다. 최근 상가주택에서 왕왕 사용되는 혼합(Hybrid)공법이다. 화덕피자 제조의 특성상 3층 건물을 목조로 짓기에는 그 열기와 배선 등 구조적 안정성을 장담할 수 없었기에 1층을 철근콘크리트로 택하고, 거주공간인 2층과 3층은 경량목구조로 올렸다. 이는 평소 목조주택에 관심이 많아 따뜻한 나뭇집을 짓길 원했던 건축주의 의견이 적극적으로 반영된 것이다. 두 가지 공법의 혼합으로 각 구조가 주는 이점을 누린 이 건물은 눈에 띄는 외장 마감 덕분에 건물 자체가 홍보 역할을 한다.

눈에 띄는 건물로 만들기 위해 구조뿐 아니라 외피의 컬러도 차별화하는 전략을 취했다. 검은색 JR강판과 목재 사이딩을 이용해 단조로운 박스형 외관을 감쌌다. 콘크리트나 벽돌 일색인 도시에 검은색 모던한 외관의 주택이 들어서자 마을의 풍경은 일순 바뀌었다. 마치 멋진 카페거리에 온 듯한 분위기를 풍긴다.
　　　건축비가 저렴해질수록 마감의 완성도가 떨어진다는 원칙이 이 건물에는 해당하지 않는다. 건축주가 오랜 기간 자료조사를 하며 어떤 집을 지을지 고민해온 결과물로, 두 가지 토끼를 모두 잡았다.

—

정사은 글　변종석 사진

HOUSE PLAN

대지위치 경상남도 김해시 장유면 관동리 1102-9 | **대지면적** 262.50㎡(79.41평) | **건물규모** 지상 3층 | **건축면적** 157.45㎡(47.63평) | **연면적** 431.51㎡(130.53평) | **건폐율** 59.98% | **용적률** 164.38% | **주차대수** 5대 | **최고높이** 12.78m | **공법** 1층 – 철근콘크리트 / 2층, 3층 – 경량목구조 | **구조재** 캐나다산 목재 | **지붕재** JR강판 | **단열재** 그라스울, 열반사단열재 | **외벽마감재** 미장스톤, ACQ 방부사이딩, JR강판 | **창호재** 융기 DRIUM PVC 미국식 시스템창호 | **계획 및 실시설계** 호멘토건축사사무소 | **시공** 호멘토 | **건축비** 3.3㎡(1평)당 350만원

김화
씨덕
파스타
화덕피자

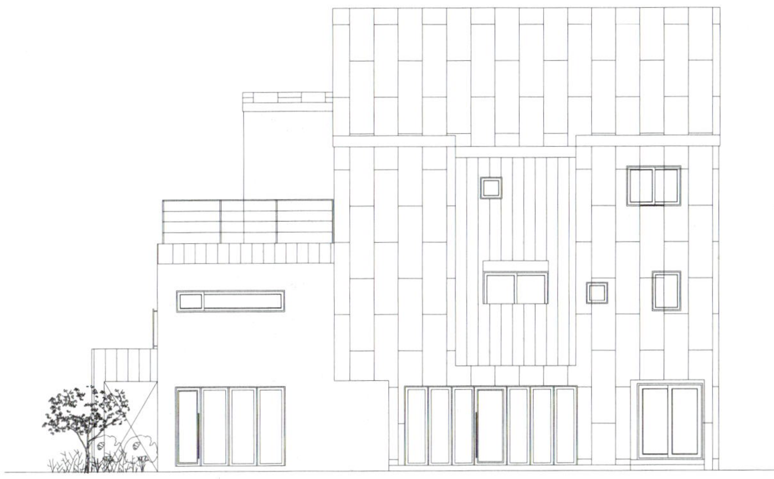

RIGHT ELEVATION

FRONT ELEVATION

내벽 마감 실크벽지, LG벽지 | **바닥재** 강화마루 | **욕실 및 주방 타일** 국산타일 | **수전 등 욕실기기** 로얄토토, 대림 | **주
방 가구** 오벤 | **조명** 예술조명 | **계단재** 미송집성목 | **현관문** 대동방화문 | **방문** 영림도어 | **붙박이장** 오벤 | **데크재**
ACQ방부목

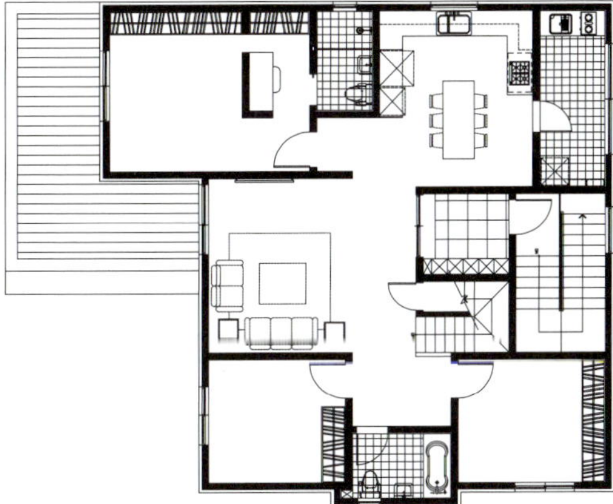

PLAN - 3F

PLAN - 2F

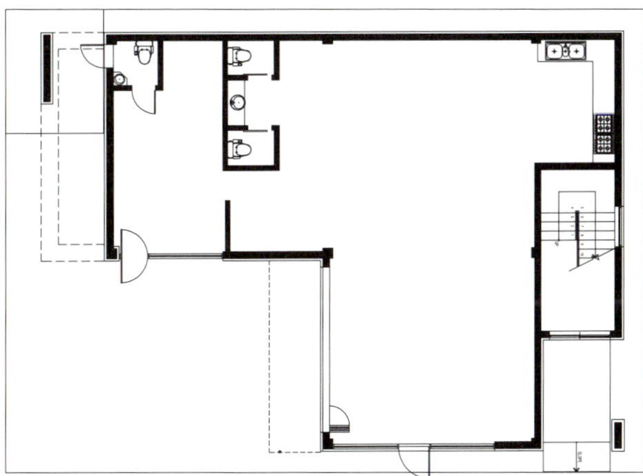

PLAN - 1F

모아미래도

Hybrid Rental House

—

연희동 감이재 感而齋

차이, 소통, 융화 등의 단어가 하나의 트렌드처럼 되어 버린 현대 사회의 분위기를 중국철학 전공자답게 소화하여 이 집의 이름을 '감이재(感而齋)'라 지었다. 감이재의 감이는 『주역』의 '적연부동, 감이수통(寂然不動, 感而遂通)'에서 「신(神)이 감응하여 모든 일이 통하게 됨, 또는 느껴서 드디어 통하게 됨」의 의미를 지니는 감이수통에서 비롯한다고 한다. 이러한 의도를 최대한 설계에 반영하고자 노력하였다.

소통의 의미는 건축의 3대 요소인 '기능', '구조', '미'라는 맥락을 통해 표현하고자 했다. 사람과 사람 사이의 소통, 사람과 자연의 소통이라는 의미가 건축물에 어떤 방식으로 표현되어야 할지를 생각해 보았고, 이를 건축물과 자연 지형과의 소통, 자연환경과의 소통, 새로운 정서와의 소통으로 구체화시켰다.

대지는 외국인 밀집지역인 연희동 서울외국인학교 바로 앞에 있어 다소 이국적인 분위기가 풍긴다. 큰 도로에서 2m 정도 내리막 경사 끝에 위치한 대지는 서울 구도심 구릉지에서 흔히 볼 수 있는 경사지다. 남북축으로 1.8m, 동서축으로 2.5m 정도 고저 차를 가진, 아주 흥미로운 곳이었다. 일반주거지역이지만 자연경관지구라는 법적조건으로 건폐율이 40%까지만 허용되어 흔히 생각하는 저층은 임대세대, 최상층은 주인세대라는 개념을 뒤집어서 반대로 구성했다.

남북축의 고저차를 이용하여 1층과 지하층을 스킵 플로어(Skip Floor) 형식을 취해 보다 넓은 공간을 갖도록 계획하고, 동서축 고저 차를 이용하여 한면 내지 이면이 노출되도록 지하층을 계획했다. 이로써 지하의 모든 공간이 외기와 소통할 수 있도록 하여 채광, 환기, 결로라는 고질적 문제를 모두 해결하였다.

철근콘크리트구조는 우리 주변에 가장 흔하게 존재하고 구조적 내진성은 훌륭하나 신축 후 상당 기간 유해물질을 배출해 외기와의 소통이 단절된다. 목구조는 구조적 내진성이 취약해 다층구조에는 부적합하지만 100년 정도의 내구성을 가져 끊임없이 외기와 소통이 가능하다. 이 두 구조의 장점만을 결합한 새로운 형식을 시도해 보았다. 십수 년 동안 목구조 설계를 해왔기에 이러한 시도 역시 가능하리란 믿음에서였다. 주택은 철근콘크리트로 된 여섯 개의 기둥과 무량판 슬래브로, 모든 외·내벽은 목구조로 설계하여 각자의 구조적·기능적 특성이 주변 환경과 소통하도록 하여 두 마리 토끼를 잡는 결과를 얻었다.

90년대 시작된 주택 백만 호 건설이라는 마구잡이식 정책이 양산해 낸 적벽돌집, 때 묻고 군데군데 떨어져 버린 스터코를 입고 1층 필로티 주차장, 2층에서 3~4층 주택이라는 기형적 형태의 주거형식이 마치 다세대, 다가구, 연립주택의 전형인 듯한 패러다임을 만들어냈다. 물론 법적인 제약 때문이기도 하지만 이런 조악한 주택이 도심 곳곳에 만들어져 밤마다 주차전쟁이 벌어지고 이웃 간의 대화는 단절되어 정겨운 골목길의 정취는 사라진 지 오래다.

이 집을 설계하여 공사가 진행되는 내내 사람들은 어느 사이엔가 시선을 보내오고 있었고, 집이 완성된 후 갤러리나 카페, 오피스 빌딩이 아니고 다세대 주택이라는 사실에 대단한 흥미를 보였다. 물론 외국인 렌트하우스라는 흔하지 않은 조건과 그들이 관심을 갖도록 해야 하는 디자인이 필요하기도 했지만 궁극에는 기존 다세대 주택의 이미지가 아닌 새로운 정서와 소통하고자 한 시도가 아니었나 한다.

—

설계자 최영우 글

철근콘크리트조와 목구조의 장점을 모두 취하겠다는 건축주와 건축가의 의도를 듣고 떠올린 것이 캐나다의 상업건축이었다. 복잡한 내화규정과 높은 단열성능을 위하여 건축물의 규모와 용도에 따라 구조의 종류가 여러 형태로 변하기 때문에 철근콘크리트와 경량구조를 같이 사용하는 경우가 흔히 있다. 이미 알고 있던 구조였지만 한국에는 흔치 않아, 2가지의 기본적인 문제점이 떠올랐다. ▶첫째, 유로폼을 사용한 철근콘크리트의 부정확한 시공관행 ▶둘째, 두 가지 구조의 이음 부분 디테일과 마감의 연결성 문제였다. 하지만 이들의 장점은 서로 다른 방면에서 이득을 준다. ▶첫째, 상대적으로 얇은 벽두께로 넓은 실내공간 ▶ 둘째, 높은 단열성능으로 쾌적한 실내공간 ▶셋째, 콘크리트 사용량을 줄인 깨끗한 주거환경 조성이었다.

철근콘크리트의 시공은 작업 여건상 어느 정도의 오차가 발생하기 마련이다. 하지만 목구조는 그러한 오차를 최소화하려는 성질을 가지고 있어 오차가 심할수록 목구조 부분에서 난도가 높아진다. 이러한 문제점을 고려하여 2가지 구조의 이음 부분의 디테일은 캐나다식으로 하지 않고 목구조 일부를 철근콘크리트구조 외부로 상쇄하는 방식으로 바꾸었다. 철근콘크리트의 시공이 조금 까다로워지긴 하지만 이는 결로방지용 단열을 2중으로 할 수 있는 장점도 있어 구조설계를 약간 수정하여 진행하기로 하였다.

습식구조와 건식구조가 서로 맞물려 완성되고, 친환경 건축을 위하여 OSB합판 또는 내수합판을 사용하지 않고 친환경 무취합판을 사용한 후 결로와 누수의 문제를 일차적으로 해결하기 위하여 캐나다식 레인스크린을 시공하고 외장마감을 하였다.

흔히 사용되는 화강석과 같은 외장재가 아닌 독특한 이미지와 우수한 기능의 자재를 원한 건축주의 요구가 있었다. 건축가 역시 심플한 구조로 강한 이미지를 주는 건물을 원했기에 두 의도에 맞춰 목구조용 일본산 사이딩이 선택되었다. 너무도 대조적인 노출콘크리트는 갤러리 형태의 원목을 이용하여 사이딩과 조화를 이룬 점에서 건축가의 노력이 엿보이는 부분이다.

내부마감도 일반적인 다세대 또는 연립주택이 아닌 단독주택에서나 볼 수 있는 고급스러운 분위기로 조성했다. 임대세대는 금속 메지를 사용하여 도배지만 도장 마감을 한 것 같은 품질과 느낌을 주었다. 천장과 벽 마감, 유리 난간과 천연원목 발코니, 주방과 거실 사이 원목갤러리, 주방 가구와 코너 창은 주변의 다른 다세대 주택과는 전혀 다른 분위기를 자아내었다.

이 주택은 고급 외국인 임대주택으로서 큰 규모와 값비싼 자재로 지어야 한다는 고정관념을 깨고, 독특한 디자인과 시공 품질을 내세운 새로운 콘셉트로 완성되었다. 비교적 작은 대지에 낮은 건폐율은 고급주택을 짓기에 부적합한 듯 보였지만, 건축주와 건축가의 의도가 시공에서 잘 반영된 사례다. 그러한 성공을 알리기라도 하듯 완공되기 전부터 주변의 시선을 끌며, 사전 임대계약까지 성사되는 등 모두가 만족하는 건축물이 되었다.

—

시공자 김형섭 글 변종석 사진

HOUSE PLAN

대지위치 서울시 서대문구 연희동 | **대지면적** 337㎡(101평) | **건물규모** 지하 1층, 지상 4층 | **건축면적** 131.84㎡(39평) | **연면적** 585.91㎡(177평) | **건폐율** 39.12% | **용적률** 127.42% | **주차대수** 6대 | **최고높이** 15.88m | **공법** 기초 – MAT 기초 / 지상 – 철근콘크리트 + 경량목구조 | **구조재** 철근콘크리트 | **지붕재** 철근콘크리트 | **창호재** 전통 창호 + 시스템 창호 | **단열재** 인슐레이션 R19, R30 | **외벽마감재** KMEW 사이딩 | **창호재** PVC 시스템 | **설계** 건축사사무소 신예건축 | **시공** 마고퍼스건축그룹 www.magopus.co.kr | **건축비** 3.3㎡(1평) 당 450만원 내외

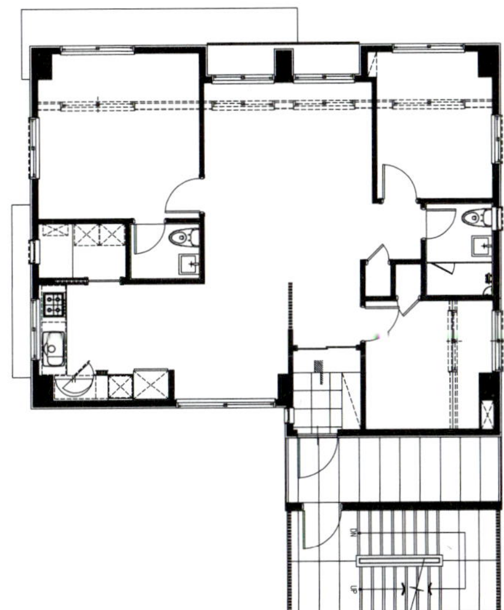

PLAN - 2~4F

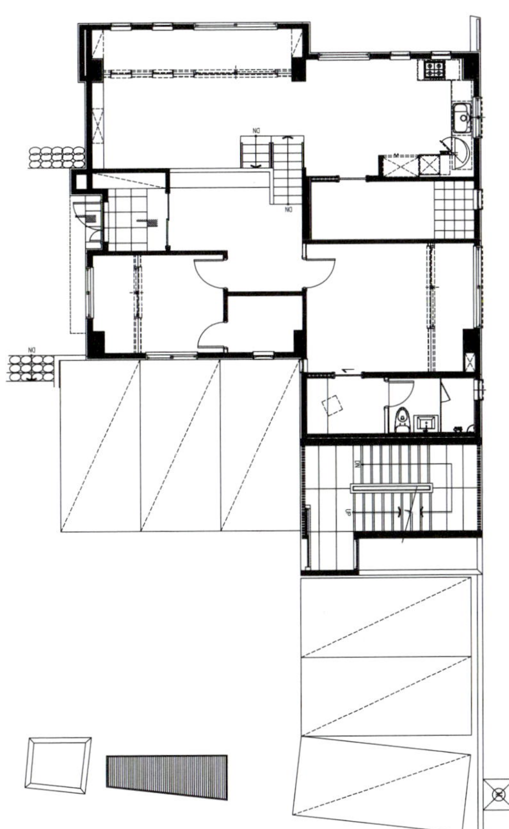

PLAN - 1F

내벽 마감 LG하우시스 | 바닥재 LG하우시스 | 욕실 및 주방 타일 수입 및 일부 동서타일 | 수전 등 욕실기기 아메리칸스탠
다드 | 주방 가구 에넥스 | 조명 수입 및 국산조명 | 계단재 집성원목 및 화강석(t-black) | 현관문 신진도어 | 방문 팔
도천연시트도어 | 아트월 현무암 + 적삼목 | 붙박이장 에넥스 | 데크재 모말라

INTERIOR SOURCES

CORNER HOUSE

모서리집 (p148)
/
HOUSE WITH A YARD

마당있는 집: 산마을
(p328)

: 스마트건축 김건철

대구 출생으로 영남고등학교, 계명대학교 건축공학과를 졸업하였다. ADF건축, 동우건축, 아뜰리에17에서 실무를 익혔으며 2011년 스마트건축을 설립하고 대구를 기반으로 작업하고 있다. 경제논리의 목표는 공유하되, 목표를 이루는 전략을 달리하는 방식의 minor urbanism을 실천하려 노력하고 있다. 대표작으로 루버하우스, 마당있는 집. 일성컴퍼니 사옥 등이 있다.

053-765-7818 | www.smart-architecture.kr

THE RABBIT

남가좌동
코하우징
•
(p160)

: 건축사사무소 SOA 강예린, 이치훈

강예린은 한국예술종합학교에서 수학하고 네덜란드 OMA. 협동원을 거쳐 2010년 이치훈과 건축사사무소 SoA를 설립하였다. 이치훈은 연세대학교와 동대학원에서 수학하였다. 2015년 현대카드와 국립현대미술관이 주관하는 젊은 건축가 프로그램(Young Architects Program)에 '지붕감각'이라는 주제로 전시한 바 있고, 현재 진화하는 도시 주거의 유형에 관한 연구와 작업을 실천하고 있다.

02-6407-0559 www.societyofarchitecture.com

SADANG-DONG HOUSE

사당동
다세대 주택
•
(p172)

: 스튜디오 포마 김철호

부산대학교 건축학과를 졸업하고, 2008년부터 건축사사무소 O.C.A에서 건축수련 후 2013년에 studio Fo.m.A를 개소하여 건축 활동을 하고 있다. 작은 건축에서부터 새로운 쓰임을 찾아내고자 노력하고 있는 건축가이다. 대표작으로 사당동 다세대 주택, 평창리 단독주택 등이 있다.

010-8662-4209

Y terrace

영통
다가구주택
•
(p186)

: 민 워크샵 민우식

건축가이자 디자이너로, 2011년 서촌에 Min Workshop이라는 건축공방을 설립하였다. 대량 생산과 첨단 기술이 넘나드는 시대에 작은 건축에 집중하며 craftmanship을 잃지 않고자 하는 목표를 갖고 있다. 건축, 인테리어 디자인, 가구 디자인, 설치미술 등 다양한 분야에서의 실험들을 현실화시키는 것에 주력하고 있다. 대표작으로는 파티오하우스, 오드코너하우스, Y terrace 상가주택, 오목한 집 등이 있다.

02-735-1372 www.minworkshop.com

CON HOUSE

연남동
고깔집
•
(p200)

: ㈜아파랏체 이세웅, 최연웅

두 건축가는 고려대학교 건축공학과(현 건축과)와 독일 슈트트가르트 건축대학 석사과정을 함께 수료했다. 이후 이세웅은 뮌헨 소재의 건축사무소 알만자틀러바프너 아키텍텐에서 독일건축사를 취득하였고, 최연웅은 함부르크 소재 게어버 건축사무소, 슈트트가르트에 위치한 불프 건축사사무소에서 다수의 공모전과 실시설계에 참여했다. 2013년 건축사사무소를 열고 건축 환경이 노출되어야 하는 다양한 상황들에, 명료하지만 시적인 제안을 찾고자 하는 것을 목표로 작업한다.

02-3141-2687 http://apparat-c.com

m&m HAUS

판교택지개발지구
상가주택
•
(p216)

: ANM 김희준

다양성과 차별성만을 강조하며 기술적이고 방법론적인 것에 치우친 건축적 경향 속에서 현실적이면서도 정직한 건축적 관계들을 탐색한다. 건축주의 요구와 건축가의 의도 사이에서 균형 잡힌 작업을 추구하며 품위를 디자인하기 위해 노력한다. 대표작으로는 묵리주택과 마나스 갤러리, 일월암 객실이 있다.

02-732-0382 www.studioanm.com

WHITE CUBE

망우동
다가구 주택
•
(p230)

: 건축공방 심희준 박수정

일상의 건축을 생각하고, 짓고, 누리고, 공유하는 건축가들로, 일상성이 특별해지는 공간을 공유하는 작업을 하고 있다. 2013년부터 건축, 도시, 조경, 리노베이션 등의 다양한 분야에서 활발한 활동을 보이고 있으며, 대표작인 'Glamping in Korea'로 국내외 매체의 주목을 받은 바 있다. 화이트큐브 망우, 광주 첨단지구의 VEGEGARDEN 등의 작업이 있다.

02-542-3947 www.archiworkshop.kr

NUSANGDONG HOUSE

종로 누상동
상가주택
•
(p244)

: 건축사사무소 삼간일목 권현효

경북대학교를 졸업하고 한국예술종합학교에서 대학원 석사과정을 마쳤다. 건축사사무소 삼간일목(三間一木)을 설립한 이후 집은 건강하고, 맑은 삶이 깃들어야 한다는 생각으로 다양한 건축 작업을 수행하며, 패시브하우스 및 한옥설계를 꾸준히 병행하고 있다. 2012년 통영 연대도에 설계한 에코아일랜드 비지터센터와 에코체험센터가 제7회 대한민국 공간문화대상 대통령상을 수상하였고, 2013년에는 산청 율수원으로 제3회 대한민국한옥공모전에서 올해의 한옥 대상을 수상하였다.

02-6338-3131 https://sgim.co.kr

MAPLE HOUSE

송추
단풍나무집
•
(p258)

: 아이디어5건축사사무소 강영란

건축은 멀고 높은 자본주의 꼭대기에 존재하는 것이 아니라 삶의 일부로서 가깝고 낮게 존재한다는 사실을 쉽고 친근하게 이야기 나누고 싶어 한다. '상상 그 이상의 공간, 상상 그 이상의 삶'을 위한 '다양하고 신선하고 재미있고 창의적인 좋은 5가지 생각'의 건축을 추구하며, 사람이 머무르는 공간에 대한 새롭고 즐거운 실험을 펼쳐가고 있다.

02-730-8283 http://idea5.kr

MAISON K

망원동
메종 K
•
(p274)

: 리슈건축 홍만식

서울시립대학교 건축학과를 졸업하고 동대학원에서 석사를 거친 후, 원도시건축과 구간건축, 에이텍건축에서 실무를 쌓았다. 2006년 개발기획파트너를 만나 디자인과 디벨럽이 합쳐진 개발 PM 서비스로 리슈건축을 설립하였다. 2013년 대한민국 신인건축사 대상 최우수상, 2014년 전라북도 건축문화상 최우수상을 수상한 바 있다. 현재까지 자본주의 소비사회에서 '소비가치로서의 공동소 찾기'에 질문을 던지며 디자인 작업하고 있다.

02-790-6404 www.richue.com

ICON HOUSE

내유동 아이콘하우스

•

[p286]

: 토마건축사사무소 민규암

서울대학교 건축학과와 미국 매사추세츠 공과대학 대학원을 졸업한 뒤 귀국, 6년간 일건건축사무소에서 실무를 쌓고 1998년 현재의 토마건축 사사무소를 설립, 운영 중이다. 1999년 건축가협회 본상, 동아시아건축 가협회 아카시아건축상, 2005년 제28회 한국건축가협회상 아천상을 수 상한 바 있다. 대표작으로는 한호재와 첨성재, 펜션 생각속의 집, 펜션 트로피칼드림 등이 있다.

02-782-0553

COFFEE HOUSE

야탑동 커피하우스

•

[p368]

: 현앤전 건축사사무소 현군보, 전필규

현군보 소장은 홍익대학교 건축학과를 졸업하고 같은 대학 문화예술경영 MBA를 수료했다. 전필규 소장은 건국대학교 건축대학원 실내 건축 석사, 박 사과정을 거치고 합류해 건축디자인과 인테리어 전반, 건축·시공·감리까지 아우르고 있다. 대표작으로는 양평 J주택, 탄벌동 243빌딩, 경복궁 풍림 스 페이스본 아파트 인테리어 등이 있다.

02-430-0543 | http://blog.naver.com/hyunandjeon

YENE HOUSE

광교 상가주택
예네하우스

•

[p302]

: 디자인밴드 요앞 김도란, 류인근, 신현보, 강민희

건축·인테리어·아이템을 기획, 설계, 판매하는 디자인 집단이다. 건축 적 상상을 건물에 한정짓지 않고 다양한 디자인 분야로 이어나가 아이 템으로 생산해 나가는 것을 목표로 하고 있다. 일련의 디자인 작업 과정 에서 지속 가능한 즐거움을 추구하고 공유하기 바라며, 요앞에 있는 건 축가로서 친근하고 가까운 이미지로 다가가길 원한다. 대표작으로 게스 트하우스 명집, 상수동 오피스 더락, 북한산 둘레길하우스 등이 있다.

070-7558-2524 | http://yoap.kr

SUGAR LUMP

이천 다가구 주택

•

[p384]

: 유타건축사사무소 김창균

2009년 사무소 개소 이후 일상의 중·소규모 건축물을 바탕으로 하는 도시 풍경에 관심을 가지고 작업 중이다. 2011년 문화체육관광부 주관 '젊은 건축 가상'과 2013년 농촌건축대전 본상(보성주택), 목조건축대상(UOS 휴게Hole) 을 수상하였다. 대표작으로 피노키오 예술체험공간, 과천과학관 감각놀이터, 서교동 BNB사옥, 보성주택, 판교 Black Box, 동대문 어린이 도서관 등이 있 다.

02-556-6903 | http://utaa.co.kr

CHANGJO SPACE

창조공간

•

[p316]

: 나카에 아키텍츠 나카에 유지

2000년부터 2004년까지 엔도 건축사무소에서 근무하다 나카에 아키텍 츠를 설립해 독립, 이후 굿디자인상, AR어워드 우수상 등을 수상한 일 본의 인기 있는 건축가다. 대표작으로는 2009년 도쿄 건축상 최우수상 을 안겨준 'NE 아파트'다. 2011년에는 한국에 진출해 서울사무소를 설립 하고 2014 서울시 건축상 우수상을 수상하는 등 꾸준한 활동을 하고 있 다.

02-3477-9715 | http://nakae-a.jp

SUNNY MULTI-HOUSE

울산 ㄱ자 집

•

[p396]

: 사무소 보통건축 이현화

경북대학교 건축공학과를 졸업하고 독일 스튜트가르트 대학교에서 건축학 디플롬 학위를 취득했다. 스튜트가르트와 뒤셀도르프에서 실무경력을 쌓은 후 독일건축사(Dipl.–Ing. Architektin)를 받았다. 한국에 돌아와 다양한 실무 경력을 쌓으며 2014년 10월 '보통건축'이라는 간판을 걸고 일하고 있다. 건 축주와의 소통, 계획부터 시공까지의 협업의 중요성을 알고, 그 사이에서 제 역할을 하기 위해 부단히 노력하고 있다.

010-6540-3271

the CUBE

왜관리
다세대 상가주택

•

[p340]

: ALT architects 임석훈, 박중규, 최새벌

미국과 독일에서 건축석사 과정을 마친 뒤 다양한 실무 경험을 익힌 3 명의 젊은 건축가들이 귀국 후 뜻을 모아 설립한 디자인 그룹이다. 이중 임석훈 소장은 라돈에 관한 지속적인 관심과 공부를 바탕으로 한국형 주거형태에 적용시킬 라돈 저감 방법을 찾고 있으며 또한 이들은 새로 운 프로젝트를 진행하며 접하게 되는 다양한 상황에 대해 그들만의 독 창적이고 새로운 대안을 찾는데 주력하고 있다.

070-8864-0401 | http://blog.naver.com/alt_sb

BLACK HOUSE

김해 김씨화덕

•

[p410]

: 호멘토건축사사무소 이건

2006년 창립하여 설계와 시공, 감리 전반을 아우르는 건축회사로 자리매김 했다. 목조주택, 철근콘트리트주택, 스틸하우스 등 주택구조에 필요한 다양 한 공법을 이용하여 설계부터 인허가, 인테리어디자인, 시공, 사후관리까지 ONE—STOP 시스템을 구축해 제공하고 있다. 특히 프리컷 중목구조 분야의 강자로 전문 설계팀을 갖춰 자연에 가까운 건축물을 구현하고 있다. 대표작 으로 하남 오피스형주택, 하남 듀플렉스홈, 수원호매실지구 단독주택, 판교 주택 등이 있다.

1670-6234 | www.homento.co.kr

JONGAMDONG HOUSE

종암동
그루터기집

•

[p354]

: 아이디어5건축사사무소 강영란

건축은 멀고 높은 자본주의 꼭대기에 존재하는 것이 아니라 삶의 일부 로서 가깝고 낮게 존재한다는 사실을 쉽고 친근하게 이야기 나누고 싶 어 한다. '상상 그 이상의 공간, 상상 그 이상의 삶'을 위한 '다양하고 신 선하고 재미있고 창의적인 좋은 5가지 생각'의 건축을 추구하며, 사람이 머무르는 공간에 대한 새롭고 즐거운 실험을 펼쳐가고 있다.

02-730-8283 | http://idea5.kr

Hybrid Rental House

연희동 감이재
感而齋

•

[p424]

: 신예건축 최영우

1993년 개소한 신예건축은 건축설계와 시공감리, 인테리어를 전문으로 하 는 건축사사무소다. 사무소장 최영우 건축사는 성균관대학교 건축공학과와 연세대학교 대학원 건축공학과를 졸업했으며 한국음악저작권협회 현상설계 당선을 비롯해 천주교 팽성성당·철산성당·풍산성당 등 주로 종교 건축 설 계를 진행해 왔다.

02-585-4324 | newart99@chol.com